Markus Huth

Mit 80 Viechern um die Welt

Als Tiersitter auf Reisen

Mit Fotografien
von Markus Huth

PENGUIN VERLAG

Verlagsgruppe Random House FSC® N001967

PENGUIN und das Penguin Logo sind Markenzeichen
von Penguin Books Limited und werden
hier unter Lizenz benutzt.

1. Auflage 2019
Copyright © 2019 Penguin Verlag, München,
in der Verlagsgruppe Random House GmbH,
Neumarkter Str. 28, 81673 München
Fotografien: Markus Huth
Covergestaltung: Hafen Werbeagentur, Hamburg
Covermotiv: Carla Bonnet
Satz: Buch-Werkstatt GmbH, Bad Aibling
Druck und Bindung: CPI books GmbH, Leck
Printed in Germany
ISBN 978-3-328-10243-4

www.penguin-verlag.de

Dieses Buch ist auch als E-Book erhältlich.

Für Markules und meinen Drachen

Über dieses Buch

»Einem Menschen, den Kinder und Tiere nicht leiden können, ist nicht zu trauen.« (Carl Hilty)

Ich kam zum Tier wie die Henne zum Ei. Oder das Ei zur Henne. Es ist nicht klar, wer wen gefunden hat: ich die Tiere oder die Tiere mich. Sicher ist nur, dass mein Abenteuer als globaler Tiersitter mit dem Wunsch nach einer besonderen Art des Reisens begann – aber am Ende mein Leben stärker umkrempelte als das der Viecher, die ich dabei kennenlernen durfte.

Zunächst eine Klarstellung.

Falls Sie Rat suchen wegen Ihres soziopathischen Katers, der Ihnen morgens den Schinken vom Frühstücksbrötchen klaut; oder wegen des Hundes, der Ihren Gästen immer in die abgestellten Schuhe kackt: Dies ist kein Buch, das Ihnen dabei helfen kann.

Auch wenn Sie Vegetarier werden möchten, bin ich für Sie völlig nutzlos. Gott weiß, dass ich es versucht habe und innerhalb von Stunden kläglich gescheitert bin. Warum musste er Chorizo auch so teuflisch lecker machen.

Dafür kann Ihnen dieses Buch etwas anderes geben.

Eine spannende Reise auf fünf Kontinente. Mit Reportagen aus Welten, in denen Mensch auf Tier und Tier auf Mensch trifft. Oft leben sie zusammen. Manchmal gegeneinander. Und in einigen Fällen einfach nebeneinander.

Dieses Buch erzählt einige ihrer Geschichten.

Inhalt

Prolog

Die Schamanin blies dicke Tabakwolken in alle vier Himmelsrichtungen und betete zur Meisterpflanze.

Ich saß an einem geheimen Ort irgendwo auf der planetaren Nordhalbkugel, denn die Zeremonie war im besten Falle eine rechtliche Grauzone, wahrscheinlich aber illegal. Aber ich hatte keine Wahl, schließlich musste ich mich spirituell auf die kommende Reise vorbereiten. Dazu wollte ich ihn treffen: meinen Tiergeist.

Es war stockfinster, und mir ging es gar nicht gut.

Das lag an dem Halluzinationen verursachenden Drogensud, den ich gerade getrunken hatte: Ayahuasca, die »Meisterpflanze« aus dem Amazonasgebiet. Sie schmeckte nach Lakritz.

Eine Nebenwirkung ist Brechreiz, und ich kotzte in einen kleinen blauen Plastikeimer. Genau wie die zwölf anderen Menschen in der einsamen Holzhütte irgendwo hoch oben in den Bergen. Draußen pfiff der Wind durch die Bäume, drinnen kotzten wir um die Wette, jeder in seinen Eimer.

Oh Meisterpflanze, betete ich, bitte lass mich in der

Dunkelheit nicht aus Versehen in den Speikübel meiner Nachbarin greifen.

»Hilfe, Hilfe!«, jammerte die alte Frau in den Hippieklamotten neben mir. Sie wollte von der Schamanin von ihren »Quecksilber-Parasiten im Gehirn« geheilt werden, wie sie vor dem Ritual gesagt hatte. Nun erschienen ihr im Drogenrausch Gespenster. Sie schluchzte, heulte, weinte.

Ein bulliger junger Mann in weißer Kleidung geisterte im Rausch durch den Raum, dann raus in den Garten, wo er unterm Sternenhimmel einen Baum umarmte, der, so glaubte er, nacheinander Jesus, Plato und Neo aus *Matrix* sei. Hoffentlich fällt er nicht in den großen Kaktus daneben, dachte ich.

Andere summten in der Dunkelheit leise vor sich hin, wieder andere lachten lauthals oder stöhnten.

»Gracias Madre Ayahuasca! Ayahuasca cúrame!« Die Schamanin, ebenfalls nicht ganz nüchtern, schrie auf Spanisch (sie hatte ihr Handwerk im Amazonas-Dschungel von Peru gelernt) mehr, als sie sang, und spielte dazu laut Gitarre.

Und ich musste mich auf meine Aufgabe konzentrieren.

Schließlich kotzte ich nicht zum Spaß, sondern war aus einem wichtigen Grund hier.

Ich wollte meinem Tiergeist begegnen.

Als Vorbereitung auf die animalischste Reise meines Lebens. Über ein Jahr lang würde ich als Tiersitter die Welt bereisen. Da sollte man doch wenigstens seinen eigenen Tiergeist kennen.

Und wenn es nicht mit der Schamanin und der Amazonasdroge klappte, dann wusste ich auch nicht weiter.

Die Kultur der Indianer kennt viele mächtige Tiergeister: zum Beispiel die Schlange, Hüterin der Weisheit. Den Adler, Symbol der Stärke. Oder den Bären, Meister der Heilung und Führung.

Welches mächtige Totem mir wohl erscheinen würde? Wieder und wieder würgte ich meine Magensäure in den Eimer.

Bis die halluzinierende Wirkung des Ayahuasca einsetzte.

Nach Stunden endlich eine Vision, da erschien er mir: mein Tiergeist!

Aus der Finsternis des Raums schälten sich vor meinem inneren Auge Konturen, Muster und Farben. Trotz der totalen Dunkelheit sah ich meine Hände wie leuchtenden Rauch vor meinen Augen wabern. So als wollte ich meinem Tiergeist winken.

Doch was für ein Tier war es? Schlange, Adler oder Bär …

»… ein Pfau?«, fragte die Schamanin nach der Zeremonie verdutzt. »Bist du sicher?«

Ja, es konnte keinen Zweifel geben. Ein grün-blau schimmerndes Federkleid war mir erschienen und hatte sich mit Hunderten Augen um mich gedreht, als ob ich in der Mitte eines Karussells stehen würde.

Die Schamanin, eine rundliche Frau mit langem Rock, nickte nun wissend mit dem Kopf und sagte: »Der Pfau ist ein Symbol der Erneuerung, vielleicht tritt dein Leben

13

in eine neue Phase. Wer eine Verbindung mit dem Pfau spürt, kann über sich selbst lachen und nimmt nicht alles so ernst. Doch Vorsicht: Offenbar neigst du zur Eitelkeit und stellst gerne deine Federn zur Schau.«

Wow, ich hätte keinen passenderen Tiergeist finden können.

Die Reise konnte beginnen.

Wie wird man Tiersitter?

Da war ich also am paradiesischen Arsch der Welt: Der wurstförmige Hund glotzte mich so fragend an, wie ich mich fühlte. Die mies gelaunte Miez forderte Fressen. Ein Koikarpfen schnappatmetete vorwurfsvoll aus dem Becken (ich hatte seinen Keks vergessen).

Eines der Hühner war schon wieder aus dem Stall ausgebüxt und stolzierte frech durch den Garten.

Und als wäre das alles noch nicht genug, flogen die Bienenvölker vom Nachbargrundstück koordinierte Luftangriffe auf mich. Wussten die nicht, dass ich ein netter Tierfreund war? Die summende Wolke um meinen Kopf deutete auf: Nein.

Ich war offenbar der Feind, den sie aus ihrem Paradies vertreiben wollten. Statt in der Hängematte zu baumeln und den Sonnenuntergang über dem Ozean hinter La Gomera zu genießen, rannte ich selbstverteidigend mit der zur Bienen- umfunktionierten Fliegenklatsche über die Terrasse und suchte Deckung.

Aber der Reihe nach.

Beziehungsweise: Was zur Hölle machte ich hier?

Bevor ich zu erklären versuche, was es mit La Gomera auf sich hatte, muss ich etwas gestehen. Ich hätte bis vor Kurzem nicht geglaubt, dass es diese Art zu reisen überhaupt gibt.

Zwar würde ich mich nicht als Pauschaltouristen bezeichnen. Aber dass man auf Reisen für eine Unterkunft bezahlen muss – so mit Geld –, war doch irgendwie selbstverständlich. Oder nicht?

Ich jedenfalls kam nicht mehr umhin, dieses Vorurteil zu hinterfragen.

Und schuld war der Typ aus Uruguay.

Sein Name war Barcelona. Er kam aus Montevideo. Ich begegnete ihm in Bulgarien.

Es war März, und ich lebte seit einigen Tagen in einem Hostel am Fuße der Rhodopen. Ich war ins verträumte Städtchen Plowdiw gekommen, weil ich eine Auszeit vom regulierten Großstadtleben in Deutschland brauchte, und um ein Buch über meine eben zu Ende gegangene Kirgisistan-Reise aufzuschreiben.

Das Hostel war dafür perfekt. Es gefiel mir so gut, dass ich die Wohnungssuche vergaß und zwei Monate im Zwölf-Betten-Schlafsaal lebte. Mit Reisenden und Abenteurern aus aller Welt, die hier abstiegen.

Oft nur für ein oder zwei Tage, um sich von für mich unvorstellbaren Strapazen zu erholen.

Zusammen chillten wir zwischen Katzen, Hängematten, Rucksäcken und Doppelstockbetten. Plowdiw war ein Sammelbecken für Reiseverrückte.

Jedenfalls schienen sie mir so: all die Australier, Polen und Russen, die über den Globus wanderten oder mit Fahrrädern kreuz und quer durch die Welt fuhren. Nichts dabei außer ein paar Klamotten und einem Zelt.

Da war etwa ein Holländer, der aus unerfindlichen Gründen von zu Hause aus Tausende Kilometer hierhergelaufen war und weiter zu Fuß durch den Himalaja wollte.

Oder der Zypriot, der auf seiner Insel sein altes Leben hingeschmissen und seine Ersparnisse gegen ein Motorrad getauscht hatte, mit dem er schon halb Europa abgeklappert hatte. Oder der junge Australier, der mit dem Fahrrad von Griechenland nach Schottland weiter wollte.

Die meisten dieser Rastlosen waren pleite oder kurz davor. Seltsamerweise schienen sie aber auch sehr zufrieden.

Viel zufriedener jedenfalls als die meisten Pauschalurlauber, die ich in meinem Leben getroffen hatte. Die sich immer am Büfett beschwerten, wie fett sie geworden seien, nur um sich dann die Teller vollzuhauen, weil sie schließlich dafür bezahlt hatten.

Je mehr ich mit den wechselnden Bewohnern des Hostels sprach, umso mehr dämmerte mir, dass es da eine Reisewelt zu geben schien, die neunzig Prozent meiner Landsleute nicht kannten. Eine Art Paralleluniversum, in dem alles, was ein Otto Normaltourist mit Urlaub verband, keine Rolle spielte. Statt Erholung suchten sie Abenteuer. Selbst wenn das mit Strapazen verbunden war.

Diesem Paralleluniversum war auch Barcelona aus Montevideo entsprungen.

Eines Morgens lümmelte er am Frühstückstisch im aus Holzlatten zusammengezimmerten Gemeinschaftsraum herum. Er sah aus wie ein Indianer: Lange dunkle Haare rahmten ein gebräuntes, maskulines Gesicht und fielen auf kräftige Schultern. Er trug nur ein einfaches braunes Shirt und eine erdfarbene Hose. Fehlte nur noch ein Tomahawk in seiner Hand.

»Hey, Kumpel, brauchst du was?«, nickte er mir auf die entspannteste Weise zu, die ich je bei einem Menschen beobachtet hatte.

Ich hielt ihn zunächst für einen der üblichen Verrückten hier. Doch zu meiner Überraschung war er weder von Südamerika nach Europa geschwommen, noch fuhr er Fahrrad. Genau wie ich wollte er für längere Zeit im Hostel bleiben.

Wir unterhielten uns kurz.

Er war Ingenieur und gerade ziellos am Rumreisen.

Dann stellte er mir eine weltverändernde Frage: »Sag mal, Kumpel, bezahlst du hier etwa?«

Ich perplex: »Du etwa nicht?«

Da sprang der letzte Mohikaner vom Tisch auf, schnappte sich aus der Ecke keinen Tomahawk, sondern einen alten Besen und wirbelte damit demonstrativ durch den Raum.

»Ich arbeite hier!«, rief er augenzwinkernd.

Das musste er mir jetzt aber genauer erklären.

Wie sich herausstellte, musste er nicht nur nicht bezahlen. Nein, er bekam auch noch das Essen umsonst!

Ich vermutete zunächst eine zwielichtige Abmachung mit dem Manager. Aber falsch gedacht.

»Kennst du nicht Housesitting oder Workaway?«.

Workawas?

Und dann erzählte er mir von einer unbekannten Welt. Und die begann im Internet. Darin gab es diese Seiten, wie mindmyhouse.com oder workaway.info, mit denen man sich in die Ferne arbeiten könne.

Barcelona hatte zudem eine Freundin dabei, die hier ebenfalls »arbeitete«. Und dann gesellte sich noch der laufende Holländer zu uns, der das Gleiche tat. Von uns vieren war ich der einzige zahlende Gast hier.

Und der Alltag der »Arbeiter« schien sich von meinem Urlaub nicht groß zu unterscheiden.

Außer dass sie Neuankömmlingen ein Bett im Schlafsaal zuwiesen und ab und zu mal durchfegten.

Ich kam mir leicht veräppelt vor.

Sofort klappte ich meinen Computer auf und sah mir dieses Workaway mal genauer an. Menschen waren hier in Gastgeber und Freiwillige (»Volunteers«) unterteilt und hatten bebilderte Profile, die darüber Auskunft gaben, wo sie wohnten, wohin sie reisten und was sie gerne machten.

Zudem boten die Gastgeber Unterkunft und Essen im Austausch gegen Arbeitskraft an. Die Freiwilligen waren entsprechend bereit, ohne finanzielle Entlohnung zu arbeiten. Verrückt.

Offenbar konnte man so wirklich die ganze Welt bereisen.

Um Freiwillige warb etwa ein Berber-Clan in Marokko, ein botanischer Garten auf Madagaskar oder eine Nomadenfamilie in der Mongolei. Die Aufgaben reichten von Rezeptionsdienst über Reparaturen am Haus bis hin zu Sprachunterricht.

Alles schöne Orte, sicher.

Aber ehrlich gesagt hatte ich auf keinen dieser Jobs besonders große Lust.

»Magst du Pferde?«, fragte Barcelona, den diese Frage noch indianerähnlicher erscheinen ließ.

Nun ja, »mögen« war vielleicht etwas zu euphorisch ausgedrückt. Das erste und letzte Mal hatte ich in Kirgisistan auf einem Gaul gesessen – doch da wusste ich nicht, was ich tat. Schmerzhafte Erinnerungen wurden wach, an meine wunden Schenkel und einen Beinahesturz in einen Bach.

»Ich will auf jeden Fall mehr über Pferde lernen«, antwortete ich wahrheitsgemäß.

Daraufhin berichtete Barcelona, dass er als Nächstes auf einer bulgarischen Pferderanch anheuern würde, natürlich auch über diese Webseiten.

Und dann sagte er: »Also, wenn du mehr Komfort brauchst und Tiere magst, dann ist vielleicht Housesitting was für dich.«

Hauswas?

Da hatte Barcelona einen wunden Punkt bei mir getroffen. Denn ich muss noch etwas gestehen: Ich mag Tiere.

Jedenfalls die halbwegs plüschigen. Außer Ratten vielleicht.

Ich kann auch nicht genau erklären, warum.

Aber als ich noch Journalist bei einer Nachrichtenagentur war, haben sich meine Kollegen immer über mich lustig gemacht, weil ich Tiergeschichten quasi animagisch anzog.

»Tiere gehen immer« ist zwar eine journalistische Grundregel.

Aber niemand hat es damit so weit getrieben wie ich.

Einige Beispiele gefällig?

Ich war »Knut-Beauftragter« der Agentur und berichtete vor Ort, nachdem der berühmte Eisbär Knut plötzlich tot von seinem Felsen im Berliner Zoo gekippt war.

Und der einzige Leserbrief, den ich je bekommen habe, stammte von einer verärgerten Ponyfreundin. Also, eigentlich war der Brief an meinen Chef gerichtet. Jedenfalls verlangte sie meine Bestrafung, weil ich einem Pony namens Laski auf einer Hamburger Pferdemesse eine strubbelige Frisur zugeschrieben hatte sowie seinen niedrigen Kaufpreis mit viel teureren Rassepferden verglich.

»Laski ist sicher viel mehr wert als so ein blöder Holsteiner«, monierte sie.

Mein Chef degradierte mich deswegen zwar nicht. Aber der Spott der Kollegen war mir gewiss.

Und schließlich ist es traurig, aber wahr, dass einer der erfolgreichsten Artikel meiner Agenturzeit von einem Luxushuhn namens Lotte handelte. In der Journalistenwelt gibt es für solche »Storys« leider keinen Hennen-Nannen-Preis.

Das Huhn lebte als verwöhntes Haustier im Marco-Polo-Tower, einer der teuersten Immobilien in Hamburg. Lottes Frauchen konnte nicht arbeiten gehen, weil das Huhn nicht gerne alleine war. Die Zeitungen konnten nicht genug bekommen von dieser Geschichte. Sie vermeldeten später sogar Lottes Tod. Das Huhn war an Darmkrebs gestorben, obwohl Herrchen und Frauchen zuvor viele Tausend Euro für eine OP bezahlt hatten.

Wenn ich jemandem diese Geschichte erzählte, dann hielt er die reichen Hühnerbesitzer für verrückt. Was? So viel Geld für ein Huhn? Wie vielen armen Kindern hätte man damit helfen können? Aber ich konnte auch Lottes Pflegeeltern verstehen.

Sie liebten eben dieses Huhn, und auch ein Tierleben war schützenswert.

Jedenfalls klangen Tiere und Komfort für mich verlockender als Hausarbeiten bei den Berbern in der Wüste.

»Was ist dieses Housesitting?«, fragte ich Barcelona.

Ihm zufolge funktionierte das Ganze so: Auch Menschen mit schönen Häusern müssen mal in den Urlaub. Vor allem die mit Haustieren brauchen dann jemanden, der auf alles aufpasst und die kleinen Flohfänger füttert.

Oft kommt man mit Housesitting sogar luxuriös an exotischen Orten unter – und das kostenlos.

So jedenfalls die Idee.

Und die klang spitze!

Das wollte ich unbedingt machen.

Als Tiersitter um die Welt!

Gesagt, getan.

Ich war voll motiviert für meinen ersten Einsatz.

Nachdem ich mit Barcelonas Hilfe im Internet die entsprechenden Seiten ausfindig gemacht, Profile angelegt und Bewerbungen an Haustierbesitzer rausgeschickt hatte, landeten in den nächsten Tagen unzählige Absagen in meinem elektronischen Postfach. Kein Platz, Termin passt nicht oder einfach zu viele Bewerber. Verdammt, offenbar hatten schon sehr viele Menschen von dieser mir unbekannten Art des Reisens gehört. Gerade wollte ich aufgeben, da flatterte eine E-Mail herbei.

Von einem gewissen Martin.

Betreff: »Gomera, hinter den Bergen«.

La Gomera (1)

Bienenangriff im Paradies

Oh Martin, gesegnet seien deine limitierten Englischkenntnisse. Denn das war der Hauptgrund, warum er mir schrieb.

»Hallo Markus«, las ich auf dem Computerschirm, »im Gegensatz zu unserem Sohn, Maler, Jahrgang 82, sprechen wir gar nicht gut Englisch, da trifft es sich gut, dass wir dir auf Deutsch schreiben können.«

Aha, Martin hatte auch noch einen Sohn, der im selben Jahr wie ich geboren war. Das schuf neben der deutschen Sprache offenbar eine vertrauensvolle Verbindung. Und Vertrauen war, wie ich durch die bereits zahlreich eingegangenen Absagen gelernt hatte, beim Housesitting ausschlaggebend.

Ist ja auch klar. Wenn man sein Heim schon einem völlig Fremden anvertraut, dann muss das Bauchgefühl stimmen.

Weiter schrieb Martin: »Wir suchen für Haus, Garten, Kleintiere (ein Hund, eine Katze, vier Hühner, alle ziemlich klein) einen Betreuer, der es zu schätzen weiß, relativ abgelegen (aber mit Internet) in einer grandiosen

Landschaft fünf, sechs oder mehr Wochen zu verbringen.«

Das klang perfekt.

Jetzt gab es nur noch eine Frage zu klären.

Wo und was war La Gomera?

Eine kurze Recherche gab Antworten.

Es ist die zweitkleinste der sieben kanarischen Hauptinseln, die zu Spanien gehören und vor der Westküste Afrikas liegen, etwa auf der Höhe der Sahara.

Mit rund zwanzigtausend Menschen hat La Gomera so viele Einwohner wie die ostdeutsche Kleinstadt, in der ich aufgewachsen war.

Allerdings war das Wetter deutlich besser.

Die Kanaren – zu denen noch Teneriffa, Lanzarote, Fuerteventura, La Palma, El Hierro, Gran Canaria und ein paar Nebeninseln gehörten – waren aufgrund des immer warmen, subtropischen Wetters ein beliebtes Winterziel des europäischen Massentourismus.

Martin hatte von einem kleinen Hund und einer Katze gesprochen. Ein Kinderspiel!

Eine Katze hatte ich sogar schon mal als Kind gehabt.

Eine schwarze. Sie war wie die meisten Katzen froh, wenn man sie in Frieden ließ, fütterte und ab und zu mal streichelte, fertig.

Und vier Hühner, pah! Sicher eine leichte Übung.

ICH war es schließlich, der das Hamburger Luxushuhn Lotte berühmt gemacht hat.

Der Aufgabe fühlte ich mich mehr als gewachsen.

Nach kurzem E-Mail-Austausch und Skypefonat – bei dem ich Martin als leger gekleideten, gebräunten Rentner kennenlernte – hatte ich meinen ersten Tiersitterauftrag in der Tasche.

Die Sache mit La Gomera war nur, dass man die Insel mangels internationalem Flughafen nicht direkt anfliegen konnte, es war kein Ort, der einfach zu erreichen war.

Bei meiner Recherche hatte ich gelesen, dass das schon seit der Antike so gewesen war.

Die Kanarischen Inseln waren erstmals im fünften vorchristlichen Jahrhundert in den Aufzeichnungen karthagischer und griechischer Seefahrer aufgetaucht.

In Zeiten, in denen die Erde als flache Scheibe galt, markierten die Kanaren deren äußersten Rand. Dahinter fiel man ins Nichts.

Einige vermuteten, dass diese paar Inselchen die Reste des versunkenen Kontinents Atlantis waren. Andere, dass am Rand der Welt die Glückseligen lebten, die keine Sorgen kannten.

Der römische Offizier und Gelehrte Plinius (der Ältere) erwähnte im ersten Jahrhundert nach Christus erstmals den Namen »Canaria«. Wegen der großen Hunde (lat. Canis), die auf Gran Canaria leben sollten.

La Gomera war also eine Hundeinsel und damit die perfekte Tiersitter-Destination.

Doch zunächst Ankunft am Flughafen von Teneriffa.

Von hier musste ich erst mal mit dem Überlandbus zur Fähre und danach eine knappe Stunde übersetzen.

Die Fährstation auf Teneriffa liegt im Ort Los Cristianos im Süden der größten Kanareninsel. Dort wälzten sich Massen an sonnenverbrannten Sandalentouristen aus Deutschland, England und Russland über die Uferpromenade, mit unzähligen Shops, Hotels und Restaurants. Ein Notfallgebiet für »Dermatologen ohne Grenzen«.

Nichts wie weiter.

Ungeduldig wartete ich auf die Fähre, die mich zu der zwanzig Kilometer entfernten Schwesterinsel bringen würde.

Und dann, endlich, sah ich sie zum ersten Mal. Während sich die Fähre auf und ab wankend durch die Wellen arbeitete, schälten sich die Umrisse La Gomeras nur widerwillig aus der Ferne.

Die Insel schien wie eine uneinnehmbare Festung. Kein Wunder, dass die Spanier lange an der Eroberung scheiterten und sich erst Mitte des fünfzehnten Jahrhunderts festsetzen konnten.

Ich erkannte schroffe Felsen bespickt mit Palmen, die wie Irokesenfrisuren im Wind wankten.

Rums!

Es warf mich fast über Bord, als wir mit einem heftigen Ruck im Hafen der kleinen Inselhauptstadt San Sebastian andockten.

Die Menschen, die nun den schwimmenden Stahlwal verließen, sahen ganz anders aus als die besockten Sandalentouristen auf Teneriffa.

Viele sprachen Spanisch.

Aber auch viel Deutsch war zu hören. Allerdings ohne die Vokabeln Reisebus, Strandhandtuch oder Hotel-Vollpension.

»Karin, haben wir noch genug Thunfischdosen in der Speisekammer?«, fragte ein gebräunter Rentner seine Frau.

»Ja, aber das Toilettenpapier ist fast alle, wir müssen noch an der Kaufhalle vorbeifahren.«

Offenbar lebten diese Deutschen mit angestaubtem Vokabular hier. Dann sah ich einen Mann, dessen Alter aufgrund der blond-brünett-grauen, also eigentlich farblosen Lockenmähne auf dem Kopf und im Gesicht nur schwer zu schätzen war. Seine Füße steckten in Birkenstocksandalen und der Körper in indisch anmutenden Fetzen.

»In Liebe und Dankbarkeit, wir sind gesegnet, hier zu sein«, murmelte er, und seine blauen Augen leuchteten feucht.

Es stimmte anscheinend, was ich gelesen hatte: La Gomera war ein Sehnsuchtsort für Hippies.

Ende der Sechzigerjahre waren zunächst die Blumenkinder aus Amerika und Kanada gekommen, später auch aus Deutschland.

Freie Liebe unter Palmen, am Lagerfeuer gegen den Vietnamkrieg ansingen, beim Trommeln der Bongos im Sonnenuntergang am Strand in Ekstase tanzen und den Einheimischen die Avocados, Orangen und Feigen von den Bäumen klauen. Das war La Gomera.

Damals gab es hier noch keinen Tourismus. Keine Fähre, keine Hotels. Die Hippies campten am Strand oder lebten in den natürlichen Höhlen in den Felsen der Insel. Sie suchten ein ursprüngliches Leben, fernab der Zivilisation.

Aber nicht nur Hippies standen auf La Gomera. Auch die deutsche Bundeskanzlerin, Angela Merkel, machte hier regelmäßig Urlaub.

Irgendwie konnte ich mir nicht so recht vorstellen, wie die Kanzlerin zum Klang der Bongos im Vollmond nackt ums Feuer tanzte. Das hätte sie in konservativen Kreisen relativ unwählbar gemacht.

Aber Angela Merkel war natürlich kein Hippie, sondern liebte das Wandern. Die Insel hatte sich schnell zum Wanderparadies entwickelt, mit gut sichtbaren Pfaden durch den Lorbeerwald und die Berge inklusive atemberaubenden Ausblicken auf den Atlantik.

Obwohl La Gomera das Hippie-Image noch immer anhing, zog die Insel inzwischen aber vor allem sportliche Alternativurlauber mit gut gefüllten Geldbeuteln an. Nur eines gab es auf La Gomera zum Glück nicht: Bettenburgen für den Massentourismus.

Ich verließ die Fähre fast als Letzter.

Die warme Seeluft wehte mir um die Nase, die Sonne wärmte mir die Haut, wo sie nicht von Shorts und T-Shirt bedeckt war.

Als sich die Passagierwolke vor mir auflöste, stand auf

dem Parkplatz nur noch ein einziger Mann. Ein Hüne mit ergrautem Haar und gebräunter Haut.

Martin.

Beiges Shirt, beige Hose, dunkle Sonnenbrille und in bester Rentnerform. So sah also jemand aus, der seinen Lebensabend im sonnigen Dauerurlaub verbrachte. Vielleicht hatten die alten Römer recht: Hier lebten die Glückseligen, die keine Sorgen kannten.

Zu Martins Füßen saß etwas, das auf den ersten Blick aussah wie eine große Ratte. Auf den zweiten wie eine Mischung aus Tasmanischem Teufel und übergewichtigem Rauhaardackel.

Mein Gott, das war der hässlichste Hund, den ich je gesehen hatte!

Das Fell Fifty Shades of Braun. Nur die Dauerhechelzunge leuchtete pink. Und auf das Vieh sollte ich jetzt zwei Monate aufpassen?

»Grüß dich! Na, guck mal, Mini, da ist dein neuer Chef!«, rief ein gut gelaunter Martin mit sächsischem Dialekt.

Daraufhin tappselte die Ratte in meine Richtung.

Als frischgebackener Tiersitter fühlte ich mich jetzt verpflichtet, meinem künftigen Schützling eine herzliche Willkommensgeste zukommen zu lassen. Auch Martin schien darauf zu warten.

Also Augen zu und bücken.

»Naaaa, du bist ja ein hübscher Hund«, log ich und tätschelte dem haarigen Scheusal vorsichtig den Kopf.

Hoffentlich war es nicht bissig.

31

Doch die Ratte machte keine Anstalten, mich zu beißen. Sie schien sich eher vor meiner Hand zu fürchten und zuckte ängstlich zurück.

»Was ist denn das für eine Rat…, äh, Rasse?«, fragte ich Martin anstelle einer Begrüßung.

»Gar keine und viele! Mischling.«

Ich verschwieg ihm besser meine Vermutung zur Mischung.

Wir liefen über den Parkplatz. Der kanarische Wind wehte mir fast den Panamahut vom Kopf, den ich noch drüben auf Teneriffa als Sonnenschutz gekauft hatte.

Wir stoppten vor einem schmutzweißen Hochdachkombi.

Das musste der versprochene »Jeep« sein, den ich hier bald selbst fahren würde.

»Der ist etwas kaputt, meine Frau ist wogegen gefahren«, sagte Martin.

Ich öffnete mit einem lauten Krachen die beschädigte Beifahrertür. Erstaunlich elegant hopste die Ratte hinein und verkroch sich unter dem Sitz. Dann machte es:

»QUIIIIIIIEEEK!«

Ein ohrenbetäubendes Quietschen mit der Frequenz von Fingernägeln auf Schiefertafel.

Das war die Reaktion des Hundes auf meinen Versuch, den Sitz für mehr Beinfreiheit nach hinten zu verschieben.

»Mini ist sehr schreckhaft, vor allem bei Füßen«, erklärte Martin.

Er vermutete, dass sie – Mini war eine Sie – als Welpe getreten worden sei.

Jetzt hatte ich Mitleid mit dem kleinen Scheusal.

Wir fuhren durch die Inselhauptstadt San Sebastian.

Die mit Palmen bespickte Stadt aus pinken, blauen und weißen Würfelhäuschen klammerte sich an einem kargen Berghang fest und überblickte mutig den tiefblauen Atlantik.

Beeindruckend war die Aussicht auf den mächtigen Vulkan Teide drüben auf Teneriffa, der direkt hinter den Häuschen zu thronen schien.

San Sebastian verfügte über einen natürlichen Tiefseehafen, der einst den prominentesten Besucher La Gomeras angelockt hatte: Christoph Kolumbus.

Der berühmte italienische Seefahrer im Dienst der spanischen Krone lud hier 1492 zum letzten Mal Proviant auf, bevor er nach Westen über den Atlantik segelte und auf der Suche nach einer schnellen Route nach Indien über Amerika stolperte.

Zahlreiche Gomeros heuerten auf seinen drei Schiffen als Matrosen an. Und der neue Kontinent wurde, da sind sich die Inselbewohner sicher, mit Wasser aus La Gomera geweiht.

Doch zunächst hatte Kolumbus viel länger als geplant auf der kleinen Kanareninsel Station gemacht.

Wegen der schönen Beatriz de Bobadilla, der zahlreiche Affären nachgesagt wurden – unter anderem auch mit dem spanischen König Ferdinand II., genannt »der Katholische«.

Dessen Frau, Königin Isabella von Kastilien, soll ihre kontaktfreudige Hofdame Beatriz schließlich aus Eifersucht auf die Kanaren versetzt haben. Schließlich ist nichts beruhigender, als die Konkurrenz tausendfünfhundert Kilometer über den Atlantik zu wissen. Sehr zur Freude von Kolumbus, der noch mehrere Male nach La Gomera zurückkehrte.

Arm an Sehenswürdigkeiten, präsentierte San Sebastian in seinen engen Fußgängergassen stolz die Spuren des Seefahrers, reale und vermutete.

Im Zentrum lag der Plaza, mit einer frisch aufgestellten Kolumbus-Statue, und etwas weiter stand eine hübsche Kirche, wo der Seefahrer gebetet haben soll. Und es gab das »Casa de Colón«, wo er während seines Aufenthalts angeblich wohnte. Ein kleines weißes Haus, das heute eine Ausstellung präkolumbianischer Kunst zeigte.

Ein »Casa de Merkel« gab es übrigens nicht. Die Kanzlerin stieg stattdessen regelmäßig im Luxuskomplex Hotel Jardín Tecina an der Südküste ab.

Wir passierten einen kleinen Festungsturm, der inmitten eines Parks mit Palmen und bunten Blumen lag. Der weiß-braune Trutzquader hieß Torre del Conde, erbaut noch vor Kolumbus' Zeiten und einer der Schauplätze des grausamsten Kapitels gomereanischer Geschichte.

Denn die schöne Beatriz war nicht die Einzige, die ein kleines Treueproblem hatte. Auch ihr Ehemann Hernán Peraza, der erste spanische Gouverneur La Gomeras, schlief gerne mal in anderen Betten.

Doch das ging gründlich schief.

Als bekannt wurde, dass er eine illegitime Beziehung mit einer lokalen Gomera-Schönheit hatte, war bei seinen unterdrückten Untertanen das Maß dermaßen voll, dass sie ihn 1488 ermordeten. Obwohl natürlich auch die langjährige Unterdrückung eine Rolle gespielt haben könnte.

Beatriz verschanzte sich derweil mit ihren Soldaten im Torre del Conde und wartete auf Hilfe. Die kam in Form des blutrünstigen Gouverneurs von Gran Canaria: Pedro de Vera.

Um den Mord zu rächen, ließen er und Beatriz jeden männlichen Gomero exekutieren, der älter als fünfzehn war. Die Frauen wurden den Soldaten zum Vergewaltigen überlassen, die Kinder als Sklaven verkauft.

Auf mich wirkte San Sebastian, als hätten solche Grausamkeiten hier nie stattfinden können. Der Festungsturm lag in einem idyllischen Park mit exotischen Pflanzen. Trotzdem war es mir, als ob ich den Rattenhund unter meinem Sitz vor Angst leise quieken hörte. »Tiere sollen ja einen siebten Sinn für gewisse Schwingungen haben«, dachte ich.

Und so fuhr ich mit Martin weiter durch San Sebastian.

Mit nur etwa achttausend Einwohnern entsprach die Hauptstadt einem größeren Dorf.

Trotzdem insistierte Martin: »Mir ist das hier zu groß. Ich bevorzuge mein Alojera.«

Alojera, das war unser Ziel.

Meine neue Tiersitterheimat.

Das Dörfchen lag genau auf der anderen Seite des Kegels, den La Gomera bildete. Beinahe kreisförmig liefen die flachen Küsten auf eine tausendfünfhundert Meter hohe Erhebung in der Mitte zu, die vor Urzeiten vulkanisch entstanden war.

Dort hinauf führte die Straße nach Alojera und auf der anderen Seite wieder runter.

Mir wurde schwindelig.

Höher und höher mäanderte unser Auto die Schlängelstraße hinauf. Unten lag San Sebastian nur noch als bunter Farbklecks vor dem Atlantik und dem Vulkan Teide drüben auf Teneriffa.

»Guck mal, ist das nicht wunderbar?«, rief Martin und nahm zu meiner Beunruhigung eine Hand vom Lenkrad, um damit aus dem Fenster zu zeigen.

Da tauchte neben der Straße ein Gemälde auf.

Zumindest schien es so.

Über einem grünen Tal mit Nadelbäumen und Hügeln thronte ein malerischer Felsen. Wie ein gigantischer Keil erhob er sich in den Himmel, als wolle er Kontakt zu Außerirdischen aufnehmen.

Das war der Roque de Agando, über tausendzweihundert Meter hoch und eines der Wahrzeichen der Insel.

Der Felsturm aus Basalt war vor Millionen von Jahren entstanden, als sich heißes Magma seinen Weg aus dem Inneren des Planeten nach oben bahnte. Vor etwa zehn Millionen Jahren war La Gomera vulkanisch aus dem Meer gewachsen.

Auf dem Felsen fanden Archäologen Jahrtausende alte Überreste eines Heiligtums der Ureinwohner, der Gomeros.

Wann und woher die ersten Menschen auf die Kanaren kamen, ist umstritten. Aus Nordafrika stammend, erreichten die ersten Siedler wahrscheinlich vor gut fünftausend Jahren kanarisches Land. Es folgten weitere Einwanderungswellen bis in die letzten Jahrhunderte vor Christus.

Archäologen vermuten eine Verwandtschaft mit der Berberkultur in Marokko und Tunesien. So könnte der Name Gomera auf den südmarokkanischen Stamm der Ghomara zurückgehen.

Die Einwanderer brachten Ziegen, Schafe und Rinder mit sich, die es hier vorher nicht gab. Sie lebten in natürlichen Höhlen und waren in Stämmen mit mächtigen Anführern organisiert. Bemerkenswert war ihre Pfeifsprache, El Silbo. Damit konnten sie Nachrichten über kilometerweite Entfernungen transportieren. Quasi eine frühe Form von Twitter. Sogar noch besser: Die Pfeifsprache funktioniert ganz ohne Internet und Tastatur. Alles, was man braucht, sind gespitzte Lippen und Finger. Aus Tonhöhe, Lautstärke und Unterbrechungen können die »Silbadores« komplexe Botschaften übermitteln. Die Reichweite war zwar nicht ganz so global wie Twitter – doch immerhin ersparte es einem den langen Fußweg über Berge und Schluchten. Heute – in Zeiten von Telefon und Internet – verwenden die Einheimischen El Silbo im Alltag nur noch selten. Doch die Sprache gilt als wichtiges gomereanisches Kulturgut, wurde von der UNESCO als Kulturerbe anerkannt, und die Kinder La Gomeras lernen sie in der Schule.

Die alten Gomeros pfiffen allerdings nicht nur durch die Berge, sondern verehrten auch einen guten Schöpfergott. Und fürchteten seinen dunklen Gegenspieler: den bösen Gott Hirguan, der aussah wie ein Hund mit dickem Fell.

Während ich noch überlegte, ob sich Hirguan gerade unter meinem Sitz versteckte, bemerkte ich, dass sich die Landschaft mit zunehmender Höhe komplett verändert hatte.

Statt mit Palmen bespickter Strauchberge zog draußen nun ein tiefgrüner Wald vorbei. Statt gleißender Sonne am blauen Himmel schwebte über uns ein dichtes Blätterdach.

Von Martin erfuhr ich, dass wir gerade durch den Nationalpark Garajonay fuhren.

»UNESCO-Weltnaturerbe!«, rief er stolz.

Urwälder aus Lorbeerbäumen gab es schon, als die Dinosaurier noch über den Planeten stapften. Fast überall sonst hatten die immergrünen Feuchtwälder die Eiszeit nicht überstanden. Hier schon.

Leider waren die Kanaren erst lange nach dem Aussterben der Dinos entstanden. Schade, fand ich. Denn die possierlichen Tierchen wären sicher eine Herausforderung für jeden Tiersitter gewesen. Auf La Gomera gibt es lediglich Kanareneidechsen, Lorbeertauben oder Fledermäuse. Raubtiere oder giftige Schlangen sucht man vergebens, was die Beliebtheit der Insel bei Wanderern erklärt.

Garajonay trägt seinen Namen wegen einer Liebesgeschichte – und zwar einer blutigen.

Die Legende von der schönen Gara und dem wagemutigen Jonay spielt im fünfzehnten Jahrhundert und ist die gomereanische Variante von *Bauer sucht Frau*.

Jonay, ein armer Bauernsohn von der Nachbarinsel Teneriffa, hatte sich Hals über Kopf in Gara verliebt, eine schöne Hochwohlgeborene von La Gomera.

Sie erwiderte seine Gefühle, und so kam er auf einem Floß zu seiner Liebsten gesegelt.

Dann geschah, was geschehen musste.

Nicht nur die Gesellschaft war gegen die Beziehung, sondern sogar die Natur.

Ein Priester sagte furchtbares Unheil voraus, sollten sich die beiden das Jawort geben. Sie standen schon am Altar, als plötzlich Teneriffa bebte. Der Teide brach aus und spuckte blutrote Lava über das Land. In letzter

Sekunde verhinderten die Eltern die Hochzeit und brachten Jonay zurück nach Teneriffa.

Aber natürlich schlich sich der vor Sehnsucht zergehende Jonay zurück nach La Gomera, stahl seine Geliebte, und die beiden flohen hoch in den Lorbeerwald. Gejagt von ihren Verfolgern, erkannten sie die Aussichtslosigkeit ihrer Liebe und sagten:»Okay, dann trennen wir uns vielleicht doch besser. Lass uns doch Flaschenpostfreunde bleiben.«

Nein, natürlich nicht.

Denn dies ist eine dramatische Liebesgeschichte.

Hoch oben auf dem Berg nahm Jonay einen Ast, spitzte ihn auf beiden Seiten an, und das Liebespaar rammte sich die Enden in einer letzten Umarmung durch die passionierten Körper.

Die Liebe hatte sich zu Tode triumphiert.

Offenbar hatten die Menschen auf La Gomera einen gewissen Hang zum Dramatischen.

Wir ließen den Lorbeerwald hinter uns, und die Straße warf sich jetzt wieder waghalsig nach unten. Steile Rechts- und Linkskurven verursachten bei mir Brechreiz, die tiefen Abgründe neben der engen Straße Höhenangst.

Irgendwann erlöste mich Martin, bog auf eine Schotterfläche ab und sagte:»So, wir sind da.«

Wir standen an der Kante eines schwer einsehbaren Hangs – dahinter musste sich sein Haus befinden.

Ich habe auf meinen Reisen ja schon viele beeindruckende Orte gesehen. Die canyonartigen Landschaften

Äthiopiens, himmlische Bergpanoramen in Kirgisistan oder die Wüste Marokkos im Morgenlicht. Aber dieser Anblick verschlug mir schlicht den Atem. Als ich Martin und seinem Hund von der Schotterfläche einen kleinen Pfad den Hang hinunter folgte, senkte sich die Abendsonne hinter dem endlosen Atlantik und tauchte die gesamte Landschaft in goldenes Licht. Palmen wiegten sich sanft im Wind. Rosa Wölkchen zogen beinahe auf Augenhöhe vorbei.

Wie ein Bilderrahmen begrenzten links und rechts scharfkantige Berge die Szenerie. Und hinter uns stand das vulkanische Bergmassiv, bewachsen mit blumigen Wiesen und Bäumen, über das wir gerade aus San Sebastian gekommen waren.

Und das Beste: Es gab keine Nachbarn. Weit und breit nur wildes Bergland. Martins Finca thronte wie eine einsame Festung hoch über dem Dorf.

Sie lag etwa fünfhundert Meter über dem Meeresspiegel.

Unter uns lagen wie Punkte weit entfernt einige Dutzend Häuser auf kleineren Hügeln vor der Küste. Ein bisschen wie das Hobbit-Land aus den *Herr der Ringe*-Filmen.

Das war Alojera.

Wir standen auf Martins großer, rot gefliester Terrasse, die zum Atlantik offen war, samt Liegestuhl und Hängematte.

»Atemberaubend, nicht wahr? Das haut mich auch nach all den Jahren noch jedes Mal um«, einatmete er.

Hinter der Terrasse lag ein großes, lichtdurchflutetes Wohnzimmer, Küche, Speisekammer und ein kleines Schlafzimmer mit Doppelbett für Martin und seine Frau. Blumenduft wehte von einem großen Garten herüber, der sich am Hang über mehrstöckig angelegte Flächen erstreckte. Hier wuchsen unter anderem Bananen, Papayas, Pfeffer, Orangen und Mangos.

Kurzum: Ich war im Paradies gelandet.

Das sollte also für die nächsten zwei Monate mein Zuhause sein? Und das für lau?

Ich gratulierte mir innerlich zu meinem geglückten Tiersitterexperiment – und ahnte nicht, was mich noch erwartete.

Martin führte mich an allerlei Palmen und anderen exotischen Gewächsen vorbei. Zu einem Gästehäuschen neben dem Haupthaus.

Das war meine Tiersitterhütte.

Der etwa zehn Quadratmeter große Raum war spartanisch eingerichtet, bot aber Bett, Nachttisch und Schrank.

»Ruh dich kurz aus, ich mach Essen.«

Eine Stunde später saßen wir bei gegrilltem Fisch und Rosé auf der Terrasse. Der Sonnenuntergang über dem Meer entfaltete seine volle Farbpracht aus Gold, Blau, Violett, Orange bis Tiefrot. Wie flauschige Zeppeline flogen auf Augenhöhe bunte Wölkchen von rechts nach links. Es wehte eine leichte Brise, die weder zu warm noch zu kühl war.

Ich war neugierig.

Was hatte den Rentner von Sachsen auf diese wunderschöne Insel vor der westafrikanischen Küste verschlagen?

»Vor vierzig Jahren saß ich noch im Knast«, lachte Martin.

Kalte Gitterstäbe, das war sein Ausblick.

»Gelbes Elend«, wie das berüchtigte Gefängnis in Bautzen genannt wurde, statt blauem Atlantik.

In der Rückschau war es nicht ohne Ironie, dass Martins Reiselust ihn überhaupt in diese missliche Lage gebracht hatte.

Er war Anfang zwanzig und in einem Land geboren, das Reiselust und Freiheitswillen seiner Bürger notfalls mit tödlichen Kugeln beendete: der DDR.

Allein die sozialistischen Bruderstaaten durfte man erkunden. Und so war der junge Martin mit ein paar Kumpels im Trabi nach Ungarn gefahren. Zum Campen, Trinken und Das-Leben-Feiern.

Irgendwann kreisten ihre Biergespräche plötzlich um das benachbarte Österreich.

War der kapitalistische Klassenfeind wirklich böse?

Wie es dort wohl aussah?

Plötzlich meinte einer der Kumpels, dass die Grenze nicht abgeriegelt sei. Vielleicht mal kurz gucken fahren?

Und los gings.

Aber dann bekamen die Jungs doch Bammel.

Als ihnen ein verdächtiges Auto im grenznahen Nirgendwo folgte, drehten sie rasch um und fuhren wieder zurück nach Dresden.

Hier hätte die Geschichte enden können.

Tat sie aber nicht.

Denn einer von Martins Kumpels wurde später bei einem echten Fluchtversuch in die Bundesrepublik geschnappt.

Beim Verhör mit den Beamten der Staatssicherheit erzählte er von dem Abenteuer in Ungarn – und verpfiff jeden, der dabei war.

Kurz darauf standen Männer in grauen Anzügen bei Martin vor der Tür und sagten nur: »Mitkommen.«

Der DDR-Staat klagte ihn wegen »Vorbereitung zur Republikflucht« an – und, weil es mehrere Kumpels gewesen waren, sogar noch wegen Verschwörung – und verurteilte den jungen Mann zu zwei Jahren Gefängnis im »Gelben Elend«.

»Im Prinzip war mein Leben versaut, bevor es richtig begonnen hatte«, sagte Martin mit abwesendem Blick aufs Meer und nahm einen kräftigen Schluck Rosé.

Doch das war es nicht.

Nach der Entlassung verschaffte ihm ein Verwandter eine Anstellung als Assistent im größten Verlag der DDR. Dort machte er sich so gut, dass ihn seine Vorgesetzten für ein Studium der Bibliothekswissenschaften vorschlugen.

Martin überzeugte seinen Aufsichtsbeamten, dass die Haft ihn in einen guten Sozialisten verwandelt habe.

»Und der erlaubte mir doch tatsächlich das Studium.«

Er machte weiter Karriere im Verlag und leitete irgendwann sogar die Bibliothek einer mittelgroßen Stadt.

Schließlich lernte er seine Frau kennen, eine freischaffende Buchillustratorin, und wurde Vater.

Happy End.

Die Deutsche Demokratische Republik gehörte bald der Geschichte an. Und Martin, der nach der Wende eine gut bezahlte Anstellung bei einem Westverlag fand, konnte endlich in die Welt hinaus. Irgendwann reiste das Ehepaar nach La Gomera.

Und dann nur noch nach La Gomera.

»Wir wussten einfach: Das war unser Paradies.«

Als die steile Karriere im Verlagswesen zum Burn-out führte, wollte Martin dauerhaft in sein Paradies.

Stressfrei unter Palmen. Ohne Kollegen, Kunden und Winter.

Flucht auf die Insel der Glückseligen, die keine Sorgen kennen.

Es blieb nur noch ein Problem: Wie ein Haus auf La Gomera finden?

Der Tod eines anderen war sein Glück.

Als ein deutscher Arzt Ende der Neunzigerjahre im hohen Alter starb, suchten die Erben verzweifelt einen Käufer für dessen unnütz gewordenes Haus am Ende der Welt.

Martin und seine Frau kratzten alle Ersparnisse zusammen, bettelten eine Tante um einen Vorschuss auf die Erbschaft an und unterschrieben den Kaufvertrag.

Seitdem lebte der einst wegen versuchter Republikflucht verurteilte Martin an einem der schönsten Flecken der Erde.

»Tja, wie das Leben so spielt«, lachte er.

Erst später erfuhr ich am eigenen Leib, dass auch solche Plätze ihre Tücken haben. Vielleicht hätte es mich stutzig machen sollen, dass es nun Martin war, der händeringend einen Käufer für dieses Haus suchte. Der Grund: Seine Frau bevorzugte inzwischen das Stadtleben in Dresden.

»Hast du nicht ein paar Hunderttausend Euro über?«, scherzte er.

Äh, nein.

Nun erfuhr ich, dass es zu meinen Aufgaben hier gehörte, Kaufinteressenten zu empfangen, die jederzeit spontan auftauchen konnten.

»Das besprechen wir alles morgen, geh erst mal schlafen.«

Es war Nacht geworden.

Am Himmel leuchteten mehr Sterne, als ich je zuvor gesehen hatte. Wie ein Band aus unendlich vielen funkelnden Pünktchen zog sich die Milchstraße durch mein Sichtfeld. Berge und Palmen schienen nur noch schwarze Silhouetten, der Atlantik eine schimmernde Fläche.

Kein Wunder, dass die Kanaren als einer der besten Orte zum Sternebeobachten gelten, auf der Nachbarinsel La Palma gab es ein großes Observatorium.

Ich lief die Terrasse hinunter zu meiner Tiersitterhütte und schlief ein wie ein Stein.

Am nächsten Morgen wartete Martin schon mit Kaffee.

Er würde erst morgen abreisen. So blieb genug Zeit, mir alle Aufgaben rund um Tiere, Haus und Garten zu zeigen.

Und das waren jede Menge.

Zunächst stellte er mir alle meine tierischen Schützlinge vor.

Den schreckhaften Hund Mini kannte ich ja schon. Er entfernte sich nie weiter als ein paar Meter von Martin, als ob er Angst hatte, ihn könnte jederzeit ein Raubtier fressen.

Dann gab es noch eine wohlgenährte Katze: Miez. Im Gegensatz zu Mini war Miez eine echte Schönheit, eine Glückskatze.

So heißen Katzen mit dreifarbigem Fell (Miez war rot, schwarz und weiß); laut einem alten Tierlexikon aus dem neunzehnten Jahrhundert sollen sie das Haus vor Feuer und Unglück schützen sowie ihren Besitzer vor Fieber.

Na, Gott sei Dank, da konnte ja nichts mehr schiefgehen!

Ich konnte das Paracetamol also im Rucksack lassen.

Doch das waren noch nicht alle tierischen Bewohner auf Martins Anwesen.

47

So lebten hinter dem Haus in einem kleinen Stall drei braune Haushühner und ein rot-grüner Gockel. Die Hühner sahen genauso braun aus wie das Luxushuhn Lotte aus Hamburg. Nur dass sie auf Erde und Stroh im Stall hinter der Finca gackerten statt in einer Luxuswohnung in der Hamburger Hafencity.

Ich betrachtete die Hühner, wie sie zwischen ihrem Kot herumstolzierten, und war fasziniert. Die Vögel hatten es in die Haushalte und Speisepläne unterschiedlichster Kulturen geschafft. Das indische Chicken Curry gab es genauso wie das amerikanische Fried Chicken oder den ostdeutschen Broiler. Als Student hatte ich einen Mitbewohner aus Kamerun, der sich von nichts anderem ernährte als stundenlang eingekochtem Hühnchen.

Forscher glauben, dass Haushühner vor etwa sechstausend Jahren aus dem in Asien wild lebenden Bankivahuhn gezüchtet wurde. Über Handelswege gelangten sie in den nächsten Jahrtausenden auf alle Kontinente.

Im alten Rom glaubten die Generäle, auf Feldzügen mitgeführte heilige Hühner könnten Aufschluss über den Verlauf einer Schlacht geben: Verweigerten Sie das Fressen, war die Katastrophe vorprogrammiert. Im alten Ägypten wurden Hühner als göttliche Symbole der Fruchtbarkeit verehrt. Und in der persischen Mythologie leitete ein krähender Hahn den Wendepunkt im kosmischen Kampf zwischen Licht und Dunkelheit ein.

Erst mit der westlichen Industrialisierung wurde das Huhn zum Massenfutter für den Menschen – mit hühnerverachtenden Haltemethoden.

Martins Hühner hatten mehr Glück. Sie waren nur zum Eierlegen da.

»Jeden Morgen mit Mais füttern und Wasser nachfüllen. Über deine Bioabfälle freuen die sich auch. Dafür gibts jeden Morgen ein frisches Ei«, sagte er.

Und schließlich waren da noch die Fische in dem kleinen Steinpool zwischen Terrasse und Garten. Sechs Kois, manche weiß-gelb, manche weiß-rot, manche schwarz-weiß; aber immer fleckig.

Koi ist einfaches Japanisch für Karpfen.

Eigentlich stammte die farbenfrohe Zuchtform des Karpfens aus China. Er erlangte dort große Popularität, nachdem der Philosoph Konfuzius seinen ersten Sohn wegen eines geschenkten Fischs Kong Li nannte. Das bedeutet Karpfen. Was auch damit zu tun hatte, dass dieser Fisch in China als Zeichen der Stärke galt, weil er als Einziger die Wasserfälle des Gelben Flusses überwinden konnte.

Nach Japan soll der Koi durch die chinesischen Eroberungszüge gekommen sein. Dort war man sofort begeistert – also nicht von den angreifenden Chinesen, sondern den bunten Karpfen. Zunächst weil die Nahrung knapp war und sich der robuste Fisch gut züchten ließ. Später erfreuten sich die Japaner an seinen Farben im Hauspool.

Auch ich hatte nicht vor, die Kois hier zu essen.

Martin holte eine Packung kreisrunder Vollkornkekse aus der Speisekammer und krümelte einen ins Koibecken.

Sofort tauchten die Fische aus dem trüben Grün an die Oberfläche und holten sich die Krümel, allen voran der größte.

»Jeden Morgen einen Keks«, ordnete Martin an.

Das waren also meine Schützlinge: Mini, Miez, die Hühner und die Kois. Mit etwas Glück sollten sie die kommenden zwei Monate mit mir überleben.

Als Nächstes führte Martin mich eine kleine Natursteintreppe hinunter in den Garten. Hier grünten und blühten exotische und weniger exotische Pflanzen. Und damit das so blieb, musste ich alles regelmäßig gießen.

Und nun wurde es kompliziert.

Direkt am Koikarpfenteich war ein längliches Beet mit Tomatenpflanzen, an denen grüne und rote Früchte baumelten.

»Die brauchen viel Wasser, alle zwei Tage gießen«, ordnete Martin an.

Direkt dahinter wuchs eine dichte Maracuja-Kletterpflanze an einer dunklen Steinmauer hinauf.

»Die braucht etwas weniger Wasser.«

Und dann waren da noch zwei Bananenpalmen.

»Da nimmst du am besten jeden Tag eine Schüssel vom Abwasser aus der Küche.«

Auf dem Weg zur unteren Gartenterrasse passierten wir noch einen japanischen Farn, der nur einmal pro Woche Wasser brauchte, sowie diverse Kräuter, die wieder täglich Wasser brauchten.

Unten ging der Spaß weiter.

Da wuchsen Orangen-, Limonen- und Mandarinen-
bäume.

»Die gießt du am besten montags und donnerstags,
aber dann richtig lange, die haben tiefe Wurzeln.«

Dann war da noch ein hoher Pfefferbaum, zwei Mangos, Mandarinen und mehrere Papayas. Aber auch Ros-
marin, Zwiebeln, Knoblauchgras und Paprikas. Und
natürlich die Kapuzinerkresse, deren orangene Trom-
petenblüten den halben Garten überwucherten. Ach ja,
und Mangold.

Zu jeder Pflanze hielt Martin ein ausführliches Referat,
betonte die Wichtigkeit des richtigen Gießens und stellte
mir ab und zu Fragen, ob ich auch richtig zuhörte.

In meinem Kopf spielte: »Das bisschen Gießen ist doch
nicht so schwer, sagt mein Mann.«

War ich Tiersitter oder Fruchtsitter?

Mir schien, als ob ich für Martins Garten besser ein Bo-
tanikstudium absolviert hätte. Ich verschwieg ihm besser,
dass mir als Student noch jede Zimmerpflanze eingegangen war. Sogar ein Kaktus.

Nach zwei Stunden war der Gartenrundgang endlich geschafft.

Und jetzt wurde es erst richtig kompliziert.

Denn auf La Gomera herrschte nicht nur Dauersom-
mer.

Es regnete auch fast nie. Woher also die Wassermen-
gen für Martins botanischen Garten nehmen?

Jetzt kam das Jahrhunderte alte Wassersystem der

Einheimischen ins Spiel. Wasser holen war hier eine Wissenschaft für sich. Die Insel verfügte weder über natürliche Frischwasserseen noch über Flüsse. Auch das Grundwasser lag in unerreichbaren Tiefen. Dass trotzdem kein Wasser importiert werden musste, lag am Lorbeerwald oben auf dem Berg. Dort stauten sich die feuchten Wolken, die mit dem Passatwind vom Atlantik kamen.

Da oben, in tausendfünfhundert Metern Höhe, regnete es oft, oder es waberte ein feuchter Nebel durch die moosigen Bäume. Der Lorbeerwald nahm das Wasser auf und gab es über seine Wurzeln nach unten weiter.

Die Hänge über Alojera waren bespickt mit steinernen Wasserbecken, die das Wasser aus dem Wald auffingen. Die Siedlung hieß deswegen auch »Dorf der Spiegel«, weil sich von oben betrachtet zahlreiche Wasserflächen spiegelten.

Zwar durfte sich jeder Landbesitzer bedienen. Aber nicht wann und wie er wollte. Schließlich musste jeder der achthundert Einwohner gleichberechtigt versorgt werden.

Also hatten die Gomeros einen komplizierten Kalender entwickelt, der festlegte, wann und wie lange sich jeder die eigenen Tanks füllen durfte.

Und dieser Kalender galt auch für den Sachsen Martin.

Sein durstiger Garten hatte gleich drei Wasserbecken: das für die Kois, noch ein kleines unten und einen großen, zwei Meter hohen Tank am Eingang. Dort kamen die Rohre aus den Bergen an.

Mitten in meine Tiersitterverpflichtungen fielen zwei Termine, an denen ich zu einer bestimmten Uhrzeit den Wasserhahn aufdrehen musste.

Aber wo?

»Komm, Mini, wir machen einen Spaziergang«, sagte Martin, und der braungraue Fellball mit der spitzen Schnauze düste los. Offenbar kannte er die Strecke schon. Ich folgte den beiden aus dem Anwesen hinaus, raus auf den Schotterparkplatz an die Straße. Hier führte ein mit Gras überwucherter Schleichweg Richtung Berge.

Kurz bevor es steil nach oben ging, erreichten wir eine Stelle mit noch höher stehendem Gras. Neben den Rohren kam auch eine offene Wasserleitung aus den Bergen herab; manchmal parallel verlaufend und manchmal plötzlich abbiegend.

Nur eine dieser Leitungen war für Martin.

Und als ob das nicht schon kompliziert genug wäre, gab es auch keinen Hahn oder Schalter. Nein, damit das Wasser in Martins Tank abbiegen konnte, sollte ich aus Matsch und Steinen einen kleinen Staudamm in der offenen Leitung bauen.

Und falls aus irgendeinem Grund kein Wasser in der offenen Leitung floss, hatte ich einen Kilometer in die Berge zu klettern, um eine andere Leitung umzustellen.

Mir schwirrte der Kopf.

»Falls du Fragen hast, skype mich an«, sagte Martin, bevor er am nächsten Tag in seinen zweimonatigen Dresden-Urlaub verschwand. Nach Diktat verreist.

Und dann war ich plötzlich allein.

Die Hälfte von Martins Botanik-Referat vergaß ich bereits beim nächsten Sonnenuntergang in der Hängematte.

In meinem Kopf summte noch ein-, zweimal: »Das bisschen Gießen ist doch nich so schwer ...«

Egal, am wichtigsten waren sowieso die Tiere.

Mini und Miez lagen depressiv auf dem Sofa und vermissten ihr Herrchen.

»Kopf hoch, wir werden schon Spaß haben«, streichelte ich beiden den Kopf.

Ich fütterte sie wie aufgetragen mit der warm gekochten Mischung aus Fleisch und Reis, die Martin zusammengekocht und in Dutzenden Plastikschachteln eingefroren hatte.

Den Fischen warf ich ihren Keks ins Becken, und auch die Hühner bekamen ihre Körner.

Kurzum: Ich hatte alles im Griff.

Meine Tiersitterarbeit war für heute erledigt.

Endlich entspannen. Ich nahm mir eine kühle Bierdose aus dem Kühlschrank und fiel auf den Liegestuhl auf der Terrasse, um den Atlantik einzuatmen.

QUIIIIIIEEK!!!

Ich schreckte von der Liege hoch. Verdammt, der Rattenhund hatte sich unbemerkt darunter geschlichen. Mini hatte Angst vor plötzlichen Bewegungen.

Gaaaanz langsam setzte ich mich wieder, und der Hund blieb ruhig.

»So ists gut, Mini.«

Nun konnte ich endlich mein kühles Bier und die Früchte meines kostenlosen Urlaubs genießen.

Man sagt, dass der Erholungseffekt erst mit einer gewissen Langeweile einsetzt. Falls das stimmt, war ich bald super erholt.

Zwei Wochen waren im Paradies vergangen.

Jeden Morgen schlief ich aus und trat aus meiner kleinen Tiersitterhütte ins Freie. Die Palmenblätter wippten, die Sonne schien, der Atlantik funkelte. Mit einer Tasse frisch gebrühtem Kaffee in der Hand lümmelte ich in der Hängematte.

Seit Martin abgefahren war, hatte ich keine anderen Menschen mehr gesehen. Es war, als ob die ganze Welt nur noch aus mir, meinen Tieren und diesem Finca-Garten am Atlantik bestand. Zwar hatte ich Internet und konnte mich theoretisch über das Weltgeschehen informieren. Doch wen interessieren schon Newsportale, wenn alles derart in Ordnung ist. Stattdessen las ich mich durch Martins Bibliothek, die von Geschichtsbüchern bis zu DDR-Klassikern einmal quer durch die ganze Literaturgeschichte ging.

Und wenn man glaubt, ganz alleine auf dem Planeten zu sein, ist einem irgendwann auch egal, wie man aussieht. Beziehungsweise was man anhat. Oder ob man überhaupt was anhat. Sieht ja eh keiner.

So kam es, dass ich eines Morgens nackt in der Hängematte baumelte, als plötzlich zwei Fremde im Garten standen. Ein Mann und eine Frau um die fünfzig, beide schmal und beide sehr deutsch in kurzen Hosen, weißen Socken und Sandalen.

»Äh, guten Tag«, stammelte der Herr beschämt, während seine Frau so tat, als bewundere sie gerade den Himmel. »Wir wollten uns das Haus anschauen …«

Da fiel mir wieder ein, dass Martin irgendwas von »Finca verkaufen« erzählt hatte – und den Interessenten, die ich herumzuführen hatte.

»Da war keine Klingel am Zaun«, entschuldigte sich der Herr vielmals.

Ich rannte fix in meine Hütte und zog mir was an. Dann führte ich die beiden brav durchs Haus und den Garten.

»Sie leben also hier schon eine Weile. Sollten wir irgendetwas wissen?«, erkundigte sich die Dame.

Daraufhin lobte ich die fantastische Aussicht, was eigentlich überflüssig war, und verschwieg den starken Wind, der hier oft und lautstark die große Palme durchrüttelte.

Nach zwanzig Minuten verabschiedeten sich die Fremden, und mein einsames Leben ging weiter. Danach lief ich nie wieder ohne Hose herum.

Meistens hielt ich mich im Wohnzimmer im Haupthaus auf. Der große Raum mit den fast bodentiefen Fenstern war schnell zu meinem Zuhause geworden. In meine kleine Hütte ging ich nur noch zum Schlafen, während Miez und Mini meist auf dem Wohnzimmersofa liegen blieben, auf dem eine bereits völig zugehaarte Wolldecke lag.

Ansonsten war die Wohnzimmereinrichtung eine Mischung aus schweren Holzmöbeln im Stil »spanische Inquisition« sowie Bücherregalen, auf denen sich eine dicke Schicht aus Staub niedergelassen hatte.

An der Wand hingen Zeichnungen von Martins Frau, die immer noch Illustratorin für Kinderbücher war. Trickfilmartige Tiere, die einer Traumwelt entsprungen schienen. Martin hatte mir erzählt, dass er die Gedichte dazu schrieb.

Tatsächlich hatte die Finca etwas von Künstleridylle.

Draußen im Garten krallte sich ein aus Holzbrettern gefertigtes Atelier für Martins Frau am Hang fest. Und neben einem großen Kaktus im Garten stand ein Holzpfahl, der bunt angemalt war, als ob er dem Indianertraum eines kleinen Jungen entsprungen wäre.

So vergingen die Tage, ohne dass ich mein Paradies verließ.

Zwar hatte mir Martin den beuligen Kombi dagelassen.

Doch ich hatte wenig Lust, die engen und steilen Kurven ins nächste Dorf zu tuckeln. Das Leben in der Abgeschiedenheit vor der phänomenalen Naturkulisse genügte mir völlig.

Außerdem hatte ich genug tierische Gesellschaft – und zwar nicht nur meine Tiersitterschützlinge.

In Martins Garten mussten Tausende Eidechsen leben.

Sobald ich ins Freie trat, huschte irgendein schuppiger Schwanz hinter eine Pflanze oder einen Stein.

Es gab sie in groß (etwa zwanzig Zentimeter) und klein, grün und grau, einige hatten sogar einen blauen Bauch. Aber besonders beeindruckend waren dicke schwarze, die an Minisaurier erinnerten.

Nervig war, dass die Eidechsen Martins Tomaten von den Stängeln wegfraßen. Anfangs hatte ich noch versucht, sie zu vertreiben, gab aber angesichts der Überzahl schnell auf.

Auf der Welt gibt es über viertausend verschiedene Eidechsenarten. Die größte ist der Komodowaran, ein drachenartiger Fleischfresser, der drei Meter lang wird. Den gabs zum Glück nur auf einigen indonesischen Inseln und nicht hier.

Auf La Gomera lebte hingegen die wesentlich kleinere Kanareneidechse. Sowie eine besonders seltene Unterart: die La-Gomera-Rieseneidechse, die immerhin einen halben Meter lang wird.

Und dann waren da noch die Geckos. Jeden Abend, wenn es dunkel wurde, krochen sie aus ihren Verstecken hervor und klebten über mir an den Wänden.

Geckos sind die Spidermans unter den Eidechsen. An ihren handschuhartigen Pfoten befinden sich Tausende Härchen, die auf molekularer Ebene mit Oberflächen reagieren. Sie können Wände hoch- und sogar kopfüber Decken entlangrennen, als wäre es das Leichteste auf der Welt. Charakteristisch sind ihre lichtempfindlichen Augen, die wie Halbkugeln aus dem Kopf ragen. Weil Geckos keine Lider haben, lecken sie sich mit der Zunge die Augen sauber. Es gibt sie überall auf der Welt in allen möglichen Farben und Formen. Von Neongrün bis Leopardenmuster. An Martins Wänden klebte der bräunlich gestreifte Gomera-Gecko und wartete hungrig auf Fliegen oder Spinnen. Ein nützliches Tierchen.

All diese wilden tierischen Mitbewohner kamen gut alleine klar.

Ich musste nur jeden Tag Mini und Miez sowie die Hühner füttern sowie den Kois ihren Keks geben; dann noch jeden zweiten oder dritten Tag den Garten gießen. Okay, manchmal auch vierten.

Ich verlor etwas den Überblick.

Ich hatte mir dann doch nicht merken können, wann welche Pflanze nach Martins System Wasser benötigte. Also goss ich einfach alles.

Ein Durchgang dauerte um die zwei Stunden. Echte Gießmeditation: einfach nur den Schlauch halten und die Sonne genießen.

Meistens meditierte ich in der Hängematte weiter, starrte den Atlantik und die Berge an und las Romane, bis der Hunger kam.

Kein Stress, keine Termine.

MIST!
Von wegen keine Termine!

Ich hatte völlig verpennt, dass heute Wassertag im Gomerokalender war.

Ich war schon spät dran.

»Mini, mitkommen!«

Freudig wieselte die Hündin den kleinen Pfad hinauf.

Als ich völlig außer Atem die Stelle im Gras mit der offenen Wasserleitung erreichte, traute ich meinen Augen nicht.

Da summten unzählige Bienen genau dort herum, wo ich den Staudamm mit ein paar Handvoll Schlamm bauen sollte. Offenbar war das ihr Trinkplatz. Martin hatte mir erzählt, dass auf dem Nachbargrundstück Bienenkästen standen. Warum mussten die ausgerechnet heute hierher zum Trinken kommen?

Verdammt, Bienen! Die stachen bestimmt auch auf La Gomera.

Doch es half nichts.

Martins Tank war bereits halb leer.

Wenn ich den nicht auffüllte, würde der Garten verdursten.

Während ich im Zeitlupenmodus auf die Wasserröhre zuging, verkroch sich Mini feige hinter einem Stein.

Vorsichtig nahm ich ein paar Steine und baute sie zur Barriere auf, sodass das Wasser nach links abbiegen musste, wo Martins Leitung begann.

Noch schienen die Bienen sich nicht sonderlich für mich zu interessieren. Friedlich summten sie am plätschernden Wasser herum.

Mein Staudamm war fast fertig.

Zum Abschluss griff ich in den Boden und kleisterte die Steine mit nasser Erde zu.

Es funktionierte!

Das Wasser strömte Richtung Martins Tank.

Aua!

Eine der Bienen hatte sich vom Schwarm entfernt, war auf meine Hand geflogen und hatte zugestochen. Ich trug nur Badeshorts und T-Shirt, bot also viel nackte Angriffsfläche.

Auch die anderen Bienen schienen sich auf mich zuzubewegen.

Ich hätte an dieser Stelle gerne ausführlich zur Bienengeschichte referiert, zum Beispiel dass die älteste Biene in Myanmar konserviert in Bernstein gefunden wurde und hundert Millionen Jahre alt ist. Oder dass schon früheste Zivilisationen Honigbienen hielten.

Doch für so was blieb gerade keine Zeit.

»Lauf, Mini, lauf!«

Wie ein Aal schlängelte sich der kleine Köter blitzschnell durch den engen Pfad Richtung Haus – und ich rannte hinterher.

Hinter uns die Bienenwolke.

Jetzt nur nicht zurückschauen.

Völlig außer Puste schloss ich hinter Mini und mir die Terrassentür. Wir waren in Sicherheit.

Aber was war das?

Ich schaute auf meine Hand, die die Biene gestochen hatte.

Sie war um das Doppelte angeschwollen. Ich sah aus wie eine der Comicfiguren von Martins Frau.

Erst später würde ich erfahren, dass man nach einem Bienenstich schnellstmöglich das Gift aus der Haut zutschen muss, bevor es ins Blut gelangt. Zu spät.

Oder anders gesagt: Hilfe!

Mini hechelte mich mitleidsvoll an, während ich überlegte, was zu tun war.

In völliger Abgeschiedenheit im Paradies zu leben ist genauso lange schön, bis ein medizinischer Notfall eintritt.

La Gomeras einziges richtiges Krankenhaus befand sich in San Sebastian, eine gute Autostunde entfernt.

Dann gab es noch den Ort Valle Gran Rey, der fest in deutschen Touristen- und Aussteigerhänden (keine gute Formulierung) war. Dort gab es vielleicht sogar eine deutsche Arztpraxis.

Aber das war auch eine knappe Stunde mit dem Auto entfernt.

Ich hatte sowieso schon Respekt vor den engen, steilen Inselstraßen. Und nun sollte ich noch mit einer schmerzenden Hand so groß wie eine Pampelmuse fahren?

Ich war verzweifelt.

Zumal ich langsam auch Fieber spürte. Miez war wohl doch nur dem Aberglauben nach eine Glückskatze.

Zum Glück funktionierte, als ich es nun brauchte, wenigstens das WLAN.

Spontan gab ich bei Google ein: »Bienenstich, Hand groß wie Ballon«.

Gott sei gedankt für das Internet. Zahlreiche Foren versicherten mir, dass man die Hand nur kühlen und abwarten musste.

Mit zwei kalten Dosen Bier – eine zum Kühlen, die andere zum Trinken – rettete ich mich in die Hängematte.

Zur Sicherheit hatte ich ab nun immer eine Fliegenbeziehungsweise Bienenklatsche in Griffweite.

Etwas Gutes hatte der Bienenstich jedoch: Mini und ich wurden richtig gute Freunde.

Eine gemeinsame Nahtoderfahrung schweißt eben zusammen.

Es war ein absolutes Rätsel, wie ich über Mini je als Rattenhund, Tasmanischen Teufel oder haariges Scheusal gedacht haben konnte.

Nun erschienen mir ihre braunen Kulleraugen mitfühlend und verständnisvoll, das braungraue Fell weich und gepflegt, die kurzen Tappselbeine als unfaire Geburtsausstattung. Ihr Quieken war nicht mehr als ein Hilfeschrei in einer ungerechten Welt.

Mini war ein echter Underdog.

Ganz anders als die angebliche Glückskatze Miez, die sich den Großteil des Tages wer weiß wo herumtrieb und aufregende Abenteuer erlebte, war Mini auf meine Hilfe angewiesen.

Nachdem meine Hand wieder auf Normalgröße geschrumpft war, erkundeten Mini und ich in den folgenden Wochen gemeinsam die Insel. Ich traute mich sogar im beuligen Kombi auf die gomereanischen Straßen.

Gemeinsam spazierten wir stundenlang durch den kühl-feuchten Lorbeerwald. Mit seinen mit Moos bewachsenen knorrigen Bäumen und engen Pfaden. Sozusagen auf den Spuren Angela Merkels. So viel Geländegängigkeit hätte ich ihr gar nicht zugetraut. Da die Kanzlerin quasi jederzeit hinter einem Lorbeerbaum hervorspringen konnte, hatte ich vorsichtshalber einen journalistischen Fragenkatalog vorbereitet.

Ein anderes Mal fuhren wir runter zum Strand von Alojera.

Natürlich fürchtete sich Mini vor dem Wasser. Sie versteckte sich am Strand hinter einem Felsen, während der Atlantik die dicken rundlichen Strandsteine mit knarrendem Geräusch ein- und ausatmete wie ein steinfressender Gigant.

Und eines Tages tappselte der Hund sogar stolz an der Leine die schicken Straßen Valle Gran Reys entlang, La Gomeras touristischem Prachtort.

Vorbei ging es an Cafés, Restaurants und Shops, meist mit deutscher Beschriftung.

Wir stoppten am Strand vor einer überlebensgroßen Bronzestatue. Ängstlich schaute Mini nach oben.

Hier stand ein langhaariger Krieger, durchtrainiert, nur mit Lendenschurz, in der Hand einen Speer. Der stolze Hüne war La Gomeras berühmtester Rebell: Hautacuperche.

Der Stammesführer der eingeborenen Gomeros war derjenige gewesen, der 1488 den verhassten spanischen Gouverneur Peraza ermordet und damit den großen Aufstand ausgelöst hatte.

»Hautacuperche war mutig«, sagte ich zu Mini. »An dem musst du dir ein Beispiel nehmen.«

Sie hechelte zustimmend.

Und dann kam unser letzter gemeinsamer Abend.

Der Mond stand direkt über dem Atlantik, die Bergwelt war in silberblaues Licht getaucht. Ein heftiger Wind rüttelte an der großen Palme im Garten und spielte auf dem Haus, als wäre es eine Flöte.

Morgen würde Martin zurückkommen.

Wehmütig saß ich mit Mini auf dem zugehaarten Sofa und streichelte ihr graubraunes Haar.

Sogar Glückskatze Miez schnurrte neben uns, als wolle sie mir zum Abschied die Ehre ihrer Anwesenheit erweisen.

Ich hatte ihr den Bienenstich verziehen. Immerhin hatte das Haus nicht gebrannt, und ich hatte am Ende doch kein Fieber bekommen.

Ich schaute auf die beiden Geckos, die über mir an der Wand klebten, und dachte: Adios, Geckos. Adios, Miez. Adios, Eidechsen. Adios, lästige Stubenfliegen. Adios, Atlantik. Adios, magische Vulkanberge. Adios, Mini.

Der Hund schien heute besonders traurig zu gucken.

Ob auch ich ihr fehlen würde?

Plötzlich hörte ich ein Geräusch.

War das etwa der Wind?

Da polterte es noch lauter.

Es schien aus der Küche zu kommen.

War da jemand? Um diese Zeit? Es war fast Mitternacht und stockduster. War vielleicht Martin doch schon früher heimgekehrt?

Vorsichtig ging ich durch den Flur Richtung Küche.

»Los, Mini, schau mal nach. Denk an Hautacuperche.« Doch meine Mutlektionen schienen nichts gebracht zu haben. Ängstlich versteckte sich der Hund hinter meinen Beinen.

Erneut ein lautes Poltern in der Küche.

Blitzschnell stieß ich die Tür auf und schaltete das Licht an.

Nichts zu sehen. Aber die Tomaten auf dem Küchentisch waren angefressen. Waren etwa Eidechsen eingedrungen?

Es klapperte erneut.

Das Geräusch kam aus der Schublade mit dem Besteck.

»Los, Mini, zieh mal die Schublade raus«, flüsterte ich im Wissen, dass das schon körperlich gar nicht ging.

Es half nichts, ich musste sie selbst öffnen. Vorsichtig zog ich am Holzkasten.

Zunächst sah ich nichts. Dann fiel mir auf, dass eins der Messer irgendwie komisch aussah. Statt metallisch glänzend war es hautähnlich rosa und hatte Ähnlichkeit mit einem langen Schwanz. Als der Schwanz sich bewegte, blieb mir fast das Herz stehen. Erst jetzt sah ich den braunen Fellball mit der spitzen Schnauze und den schwarzen Knopfaugen, der auf den Löffeln hockte. Was konnte es Schöneres geben als eine Ratte im Besteckkasten.

Jetzt ging alles ganz schnell.

Weil die offene Terrassentür hinter mir der einzige Weg in die Freiheit war, sprang die ertappte Ratte direkt auf mich zu.

QUIIIIIIEEEEEK!!!

Mini rannte vor Angst ins Wohnzimmer und verkroch sich unter dem Sofa.

Das nächste Quieken kam von mir.

Mit zwei Sätzen war auch ich zurück im Wohnzimmer, während die Ratte raus auf die Terrasse rannte und im Dunkel des Gartens verschwand.

Nur die verdammte Glückskatze saß seelenruhig im Flur und schaute sich alles entspannt an.

In dieser Nacht schlief Mini ausnahmsweise bei mir im Bett.

Und am nächsten Tag kam ein fröhlicher Martin samt Rollkoffer durch die Gartentür spaziert.

Mini stürmte schwanzwedelnd auf ihn zu.

»Was ist denn hier passiert?«, fragte der Sachse schockiert.

Wovon sprach der Mann?

Alle Tiere lebten doch noch.

»Ähh, Ratte … Bienen …«, stotterte ich los.

»Der Garten sieht ja furchtbar aus!«, echauffierte sich Martin.

Die meisten der Tomatenpflanzen waren entweder vertrocknet oder ersoffen, ich konnte es nicht sagen. Auch der Mangold sah nicht gut aus.

Und aus irgendeinem Grund hatten die Limonenbäume ihre Blätter verloren.

»Äh, ich hab regelmäßig gegossen«, schwor ich. »Aber hier sind überall Eidechsen. Und Bienen. Und Ratten. Die haben garantiert schon die Tomaten gefressen. Denen ist alles zuzutrauen.«

Zum Glück erholte sich Martin schneller als die Pflanzen, und wir tranken zum Abschied ein kühles Bier auf der Terrasse.

Ein letztes Mal starrte ich auf den Atlantik.

Dann ging es los.

Zurück nach San Sebastian und weiter nach Teneriffa zum Flughafen.

Während die felsigen Konturen La Gomeras im Fenster der Fähre immer blasser wurden, überkam mich ein Gefühl.

Ich würde ganz sicher wiederkommen.

Bulgarien

Ranch der Leidenschaften

»Hallo« zum Beispiel.

Oder: »Hey, ich bin …«

Was halt so gesagt wird, wenn man jemanden zum ersten Mal trifft. Ich war eben auf einer Pferderanch in Bulgarien angekommen, wo ich nur diesen dürren, bleichen Mann angetroffen hatte, der auf einer rostigen Blechtonne seine Suppe schlürfte. Er sah aus wie ein Junkie, der seine zerlöcherte Kleidung in jener Tonne gefunden hatte.

»Ich Pferd nicht gestohlen«, begrüßte mich der Unbekannte.

Das Englisch brüchig, der Akzent osteuropäisch: »Karol mir Pferd schon geschenkt. Warum ich stehlen eigenes Pferd? Wo ist Sinn?«

Neben ihm lag ein Gewehr.

Mit glasigen blauen Augen sah er mich an.

Sprach er mit mir?

»Äh … okay. Und wer bist du?«, fragte ich.

Erst jetzt stellte sich der kränkliche Dürre vor.

»Lika.«

Ein seltsamer Ort.

Ich war gekommen, um zu reiten und den Umgang mit Pferden zu lernen. Ein Kindheitstraum, seit ich Winnetou durch die TV-Prärie ziehen sah.

Zwar hatte ich vor ein paar Jahren ein erstes Mal bei einem Touristen-Ausritt in Kirgisistan im Sattel gesessen. Doch da wusste ich nicht, was ich tat und war beinahe vom Pferd in einen Bach gefallen.

Auf dieser Ranch in Bulgarien wollte ich im Tausch gegen Kost, Logis und Pferdewissen einen Monat lang aushelfen.

Quasi als Cowboy in Ausbildung.

Aber jetzt saß ich hier neben meinem Rucksack verloren auf der Holzbank. Die Szenerie hatte was von Postapokalypse.

Weit und breit keine Zivilisation. Nur rundliche Berge, Felder und Wälder, über allem der blaue Himmel. Meine Füße standen auf Gras und Matsch. Und vor mir der Junkie samt Gewehr auf der Blechtonne.

Hinter ihm stand ein Haus wie das einer Märchenhexe.

Ein aus Holzlatten gebauter Kasten, das Dach wie ein Pilz geformt mit einer weißen Plastikplane darüber. Es hätte mich nicht überrascht, wenn das Haus gleich auf langen Beinen aufstehen und den Rest dieser Ranch mitnehmen würde.

Denn auf dem fußballfeldgroßen Gelände war alles mobil.

Etwa ein Dutzend alter Campingwagen gilbten vor sich hin. Dazwischen spinatgrüne Armeeanhänger und Pferdetransporter, Zelte, ein Mähdrescher, ein Traktor sowie allerhand Blechtonnen, Plastikplanen und Schrott. Äxte steckten auf einem Baumstumpf. Solarmodule auf Europaletten sagten »Off-Grid« statt »Hightech«, und dicke schwarze Stromkabel hangelten sich von Anhänger zu Anhänger.

Kurzum: Hier sah es mehr nach fahrendem Volk als Pferderanch aus. Allein ein großer umzäunter Kreis in der Mitte von allem ließ erahnen, dass hier auch geritten wurde.

»Ist das dein Gewehr da?«, fragte ich den Nichtpferdedieb.

Verwirrt schaute er von seiner Suppe auf.

»Das? Nein, ist Karol. Er schießen auf Hühner.«

Aha. Ich wusste nicht, ob mich diese Antwort beruhigte. Und wer war überhaupt dieser Karol?

In diesem Moment öffnete sich die Tür im Hexenhaus.

Ins Freie trat eine junge Frau. Anfang dreißig, hochgewachsen, athletisch, die brünetten Haare zum Pferdeschwanz gebunden. Mit ihren blauen Jeans, rot-weiß kariertem Hemd und braunen Lederstiefeln sah sie aus wie ein Cowgirl aus der Werbung.

»Wir hatten geschrieben. Ich bin Amelia. Hier, iss erst mal was«, sagte sie auf Englisch.

Sie stellte mir eine Schale Kartoffelsuppe auf den Tisch und verschwand wieder im Haus. Während ich auslöffelte, erzählte mir Lika ungefragt von seinen schönsten Drogenerfahrungen (Ayahuasca-Sud bei einem Schamanen, guter Tipp) und in welchen Ländern man am besten schwarz mit dem Zug fahren könne (Italien).

Irgendwann kam Amelia wieder aus dem Hexenhaus.

»Komm mit, ich zeig dir dein Bett.«

Sie stoppte vor dem etwa zehn Meter langen, grünen Anhänger, der noch die kyrillische Beschriftung der bulgarischen Armee trug. Drinnen war es eng und finster. Sechs Pritschen lagen übereinander, darauf allerlei Krams. Messer, Sättel, Wolldecken, Kissen.

Ich zwängte mich hinter Amelia durch den engen Gang.

»Du kannst hier schlafen«, sagte sie schließlich.

Wir standen in einer kleinen Hinterkammer im Anhänger, mit nichts drin außer einer Matratze auf dem Boden.

»Du hast Glück«, fand das Cowgirl.

Denn ich konnte meine Zelle durch eine Schiebetür schließen und hatte damit Privatsphäre. Und dank eines von der Decke baumelnden Kabels sogar Strom. Während ich auf dem Boden nach einer freien Ecke für den Rucksack suchte, hörte ich sie noch rufen: »Ruh dich aus, dann komm zum Haus.«

Erschöpft fiel ich auf die Matratze und zweifelte daran, dass das hier alles eine gute Idee war.

Als ich wieder aus meiner Zelle kroch, rollte bereits die Abenddämmerung über die bulgarischen Berge. Pferde und Kühe grasten auf weiten Koppeln.

Vor dem Hexenhaus, das nur die Ranchküche beherbergte, saßen vier Gestalten um einen Holztisch herum. Nur eine davon war weiblich.

»Das ist unser neuer Azubi-Cowboy«, verkündete Amelia in die Männerrunde.

Die Atmosphäre war seltsam angespannt.

Ein Typ in gefleckter Militärjacke grinste mehrdeutig und schwieg, den schwarzen Cowboyhut tief ins Gesicht gezogen. Ich verbuchte seine Erscheinung unter »schweigsamer Soldatencowboy«.

Dann knurrte jemand ein »Willkommen«, das eher nach »Verpiss dich« klang.

Es kam von einem bulligen Typen, ebenfalls mit Cowboyhut auf dem Kopf. Das war Karol, dem das Gewehr gehörte und der anscheinend gerne auf Hühner schoss. Anders als der Soldatencowboy zog er den Westernstil mit Lederweste und Fransenhose komplett durch.

Nur einer schien Manieren zu haben.

»Hey, nett dich kennenzulernen, ich bin Tony«, sagte der schmucke Mann neben Amelia. Dem Akzent nach ein Italiener. Tony war der Einzige hier, der keinem Western entsprungen war. Er präsentierte seine muskulösen Arme in einem ärmellosen Shirt, trug Shorts und eine weiße Baseballmütze.

Als ich mich nach Lika erkundigte, knurrte Karol nur abfällig. Der habe ein Pferd gestohlen, außerdem sei ein Skoda aus dem Nachbardorf verschwunden.

»Der dumme Junkie braucht wieder Drogen«, meinte er.

Jedenfalls sei Lika zu einem Schamanen im Wald gegangen und brauche sich hier nicht mehr blicken lassen.

Amelia wechselte das Thema.

Die Wild West Ranch gehörte ihr und Karol, mit dem sie verheiratet war. Das Ehepaar besaß vierzig Pferde, vorwiegend von den Westernrassen »American Quarter Horse« und »Paint Horse«, ebenso viele Kühe, dreißig Schafe, zweiundzwanzig Enten, siebzehn Truthähne, fünfzehn Hühner, zehn Schweine, acht Kaninchen, einen Raben, eine Ziege und ein Maultier.

Dann gab es noch die Hunde.

Schon bei der Ankunft wäre ich beinahe über einen der plüschigen Welpen gestolpert. Sechs Stück von der Rasse Kaukasischer Schäferhund, dazu zwei ausgewachsene Exemplare, die an Bernhardiner erinnerten.

Die Rasse des Kaukasischen Schäferhunds stammt aus der ehemaligen Sowjetunion, von irgendwo zwischen dem Schwarzen und Kaspischen Meer. Die massigen Hunde können bis zu fünfundsiebzig Kilo schwer werden; es gibt sie mit kurzem und langem Fell und in allen Farben zwischen Weiß, Grau und Braun. Die Tiere sind gute Wachhunde, integrieren sich in Familien, können Fremden gegenüber aber misstrauisch und aggressiv auftreten – was angesichts ihrer Masse gefährlich sein kann.

Die Hunde hier auf der Ranch schienen zum Glück alle gutmütig, verspielt und streichelbar.

Wie Zwerge wirkten neben den beiden Alt-Schäferhunden die beiden kurzhaarigen Jack Russell Terrier, die ausgewachsen kleiner als die kaukasischen Welpen waren. Die weiß-braun-schwarz gefleckten Jack Russells waren einst in England als Jagdgehilfen für Menschen gezüchtet worden. Hyperaktiv kläfften, schnüffelten und rannten sie jedem Fuchs oder Hasen hinterher. Heute sind die rastlosen Zappler eine der beliebtesten Haustier-Hunderassen der Welt. Übrigens lebte die Stammmutter aller Jack Russell im neunzehnten Jahrhundert in England und hieß »Trump«.

»Und jetzt trink«, sagte Karol und schob mir ein gefülltes Glas Wodka über den Tisch.

Und noch eins. Und noch eins.

Als es bereits stockduster war, sagte Amelia: »Wir treffen uns morgen früh um sechs vor deinem Anhänger.«

Dann gab sie mir noch ein Buch über Pferdedressur in die Hand und schickte mich unter dem funkelnden Sternenhimmel in den Armeeanhänger.

»Gute Nacht.«

An Schlaf war nicht zu denken, mir schwirrte der Kopf vom Wodka. Also nahm ich in meiner Zelle Taschenlampe und Pferdebuch in die Hand.

»Respekt und Kontrolle bei Westernpferden erreichen« stand auf dem Titel. Geschrieben vom australischen Modellcowboy Clinton Anderson, dessen perfekt rasiertes Gesicht mich von unzähligen Fotos angrinste.

Ich las: »Der Platz zwischen den Ohren eines Pferdes ist begrenzt.«

Was zur Hölle war das denn?

Pferde gehörten zu meinen Lieblingstieren. Ich war so

außer mir wie dieses Mädchen, das mir vor Jahren einen bösen Leserbrief geschrieben hatte, weil ich in einem Artikel ein Pony beleidigt hatte.

Hör mal zu, Clinton Anderson, tobte ich im Wodkarausch, der Platz zwischen DEINEN Ohren ist wohl begrenzt!

Wie konnte er es wagen! Schließlich wäre die Menschheit ohne Pferde heute nicht da, wo sie ist.

Das nur einmeterzwanzig hohe Urpferd war vor etwa zwölftausend Jahren in Zentralasien von Menschen gezähmt worden. Durch Züchtung entstanden später die unterschiedlichsten Rassen, zum Arbeiten, Kriegführen oder für den Wettkampf. Ohne Pferde hätte der Mensch die Welt nicht erobert.

Schließlich beruhigte ich mich wieder.

Genau genommen hatte Mustercowboy Anderson ja auch recht: Schließlich ist der Platz zwischen allen Ohren naturgemäß begrenzt, unabhängig vom Lebewesen.

Er wollte auch einfach nur sagen, dass Pferde Beutetiere sind und instinktiv vor so ziemlich allem Angst haben. Es tat vor allem zwei Dinge: wegrennen oder fressen.

Der Mensch müsse dem Pferd das Denken beibringen. Es an unbekannte Situationen gewöhnen. Ihm die Angst nehmen. Ein typischer Fehler sei es, meinte das Buch, Pferde allein mit Belohnungen gefügig machen zu wollen. Etwa einer Karotte. Genauso falsch sei es aber, das Tier so hart zu bestrafen, dass es Angst vor einem hat.

Der richtige Weg liege in der Mitte. Quasi die Zuckerpeitsche.

Doch das half mir nicht wirklich weiter.

So etwas Ähnliches steht wahrscheinlich in jedem Handbuch für menschliche Führungskräfte.

Ich erwachte vom Hämmern an meine Hängertür. Mist, verschlafen, es war bereits nach sechs.

Müde kletterte ich die Metallstufen hinunter ins kalte Freie.

Farblose Berge blockierten die Dämmerung und hielten die Sonne auf Abstand. Vom Gras tropfte Tau und machte den Boden matschig.

»Zieh die an«, sagte Amelia und warf mir Gummistiefel vor die Füße.

Fffft, Fffft, Fffft folgte ich ihr durch den braunen Matsch.

Einige Meter hinter meinem Anhänger verrotteten Kästen aus Europaletten und Maschendrahtzaun im Gras. Das waren Gehege für die Tiere.

Meine neue Chefin wies mir die Kaninchen und Truthähne zu, deren Fütterung ab sofort meine Aufgabe war.

Immer noch müde trug ich einen Eimer Körner zu den schwarz-grauen Vögeln mit den pinken Hautlappen am Hals. Siebzehn fast ausgewachsene Tiere drängten sich auf vier Quadratmetern und gurrten gierig.

Für die Kaninchen drückte mir Amelia eine Sichel in die Hand. Damit streifte ich über die angrenzende Wiese, schnitt hohe Grasbüschel ab und legte sie den pelzigen Löfflern ins Gehege.

Als ich fertig war, führte mich Amelia einen Wiesenhang hinunter, über einen kleinen Bach, durch ein kleines Wäldchen, auf eine Weide. Dort grasten schwarze und braune Kühe.

»Muuuuhhhh«, rief das Cowgirl laut.

Eine bauchige braune Kuh antwortete: »Muuuuhhhh«, und kam gemütlich auf uns zugelaufen.

»Siehst du das Seil um ihren Hals? Nimm es.«

Anschließend führten wir die Kuh zurück auf die Ranch. Dort zog Amelia eine mobile Melkmaschine unter einer Plane hervor, stöpselte das Euter an einen Schlauch und drückte den Startknopf. Schubweise pumpte die Maschine weiße Milch in einen Eimer. Als er voll war, brachten wir die Kuh wieder den Hang hinunter und ließen ihre beiden Kälber aus einem Gehege.

Das ist ja auch der Grund, warum viele Tierliebhaber keine Kuhmilch trinken. Denn wie alle Säugetiere geben Kühe nur Milch, um ihre Nachkommen zu ernähren. Um an die Kuhmilch zu kommen, trennt der Mensch Mutter und Kalb und melkt die weiße Flüssigkeit selbst ab. Eine unschöne Sache, finden viele, und verzichten daher lieber auf Kuhmilch.

Hier auf dieser Ranch bekamen die Kälber immerhin noch etwas Restmilch aus dem Muttereuter. Hungrig stürzten sich die Minikühe an die langen Nippel.

»Das machst du jeden Morgen«, befahl Amelia.

Und so begann mein Ranchalltag.

Und was war mit Pferden?

Schließlich war ich nicht zum Melken hergekommen.

Doch auch nach drei Tagen hatte ich sie nur aus der Ferne auf ihren Weiden gesehen.

Ich vermutete, dass ich zunächst die Theorie aus dem Buch zu pauken hatte. Zuckerbrot und Peitsche und so weiter.

Zumindest eines hatte ich schon gelernt: Hier auf der Ranch war Amelia das Zuckerbrot. Sie hatte immer ein paar Karotten in der Hand, wenn sie ein Pferd zum Satteln holte. Außerdem bekochte sie uns »Volunteers« und hatte ab und zu sogar mal gute Laune.

Karol war die Peitsche.

Erst gestern hatte er eine braune Stute so an einen Baum gebunden, dass sie weder grasen noch liegen konnte. Als Strafe, weil sie gebockt hatte. Einen ganzen Tag musste das Tier so ausharren.

»Erziehung muss sein. Was weißt du schon von Pferden?«, hatte er nur gezischt, als ich vorsichtig Mitleid für das Tier geäußert hatte.

Ich kümmerte mich derweil um Kaninchen, Truthähne und die Kuh. Beim Melken erzählte mir Amelia ihre und Karols außergewöhnliche Lebensgeschichte.

Die beiden stammten aus Polen.

Dort hatten sie ein Leben geführt, dass sich von ihrem aktuellen krass unterschied. Die Frau, die mich morgens um sechs mit schlammigen Gummistiefeln aus dem Armeeanhänger klopfte, hatte in Warschau als Model gearbeitet und hochhackige Schuhe zu delikaten Kleidchen getragen.

Und Karols bulliger Körper war nicht in fransigen Cowboyoutfits herumgelaufen, sondern in maßgeschneiderten Anzügen. Er hatte als Broker an der Börse Millionen verdient. In Warschau hatte das Paar in einer luxuriösen Eigentumswohnung residiert, in schicken Restaurants gegessen und in elitären Nachtclubs gefeiert.

Hier auf der Ranch hausten sie in einem hölzernen Westernwohnwagen mit Bullenschädel über der Tür.

»Warum lebt ihr jetzt hier?«, fragte ich Amelia.

»Wir wollten ein anderes Leben, raus aus der Stadt. Und wir beide lieben Pferde«, antwortete sie.

Vor sieben Jahren hätten sie in Polen alles verkauft und dafür in Bulgarien Land für die Ranch erworben, dazu Pferde sowie Land- und Baumaschinen, Anhänger und Wohnwagen. Auch wenn hier alles nach Zigeunerlager aussah, hatte alles einen Wert jenseits von einer Million Euro.

Vom urbanen Luxusleben in die Pampa?

Ich spürte, dass Amelia mir nicht alles erzählte.

Und warum ausgerechnet nach Bulgarien?

Nie hätte ich geahnt, wie die Wahrheit aussehen würde.

Doch zunächst Pferde. Endlich.

Eines Morgens nach dem Kuhmelken galoppierte Tony auf einer grauen Stute an mir vorbei.

Lässig saß er ohne Sattel auf ihrem Rücken und trug nichts außer Shorts. Sein muskulöser Arm ließ eine Peit-

sche knallen und trieb damit die Kühe von einer abge-
grasten Wiese auf eine neue. Tony sah aus wie eine
Wirklichkeit gewordene Sexfantasie aus einem Frauen-
oder Schwulenmagazin.

Amelia lächelte ihm hinterher.

»Ich würde auch gerne reiten«, störte ich.

»Dann ist heute dein Tag«, lachte sie.

Es war Wochenende, und die Ranchkunden kamen
aus der Stadt, um zu reiten und sich im Wohnwagen vom
Großstadtleben zu erholen.

Das bedeutete, dass zehn Pferde von der Koppel geholt, gesäubert und gesattelt werden mussten.

Tony kümmerte sich schon um alles. Aber ich durfte
mit ausreiten. Voller Vorfreude tanzte ich mit den hyper-
aktiven Jack Russell Terriern im Gras herum.

»Geh und hol Wesna, die ist gutmütig und perfekt für
Anfänger«, sagte Amelia.

Kurz darauf befand ich mich voller Vorfreude auf dem
Weg zu meinem Pferd. In den Händen ein Seil und drei
Möhren. Ich lief den grünen Hang hinunter, über den
Bach, durchs Wäldchen, vorbei an den Kühen, auf die
weite Koppel. Ein zwanzigminütiger Fußmarsch durch
hohes Gras.

Dunkelbraun mit einem weißen Fleck auf der Stirn, so
hatte Amelia meine Stute Wesna beschrieben.

Bald sah ich eine Herde inklusive einiger Fohlen oben
auf dem nächsten Hügel grasen.

Als ich mich näherte, hoben die Rösser mit aufgestellten Ohren die Köpfe und starrten mich an.

Was hatte das Buch noch gleich gesagt?

Ach ja, Pferde sind Beutetiere und werden bei jeder Lageänderung sofort nervös. Also blieb ich ein paar Meter vor ihnen stehen, sodass sie sich an mich gewöhnen konnten.

Erst als alle wieder entspannt grasten, rief ich: »Wesna!«

Was nicht im Buch stand: Pferde reagieren nicht auf Namen.

»Wesna!«

Fehlanzeige.

Gleich zwölf große Tiere trabten auf die Möhre an meinem ausgestreckten Arm zu. Drei davon hatten einen weißen Fleck auf der Stirn, eins braun, eins dunkler und eins fast schwarz.

Mist, was genau verstand Amelia unter Dunkelbraun?

Während ich noch überlegte, sah ich auf dem nächsten Hügel eine weitere Gruppe Pferde.

Vielleicht war meine Stute dort?

Auf gut Glück und aus Faulheit entschied ich mich für eine der potenziellen Wesnas vor meiner Möhre, knotete das Seil an die Geschirrschlaufe unter ihrem Maul und marschierte mit dem Pferd den ganzen Weg zurück zur Ranch.

Dort schimpfte Amelia: »Das ist doch nicht Wesna!«

Die anderen Pferde warteten bereits fertig gesattelt an Holzbalken gebunden. Die gestressten Städter hatten ihre Wohnwagen bezogen und freuten sich in Jeans und Lederstiefeln auf den Ausritt.

Nur ich stand mit dem falschen Gaul da. Toll.

Ein neuer Wesna-Versuch würde wenigstens eine Dreiviertelstunde dauern.

»Kein Problem, ich hol sie dir«, rief der schöne Tony, schwang sich elegant auf sein graues Ross und galoppierte Richtung Koppel.

Fünf Minuten später kehrte er unter triumphierendem Hufgeklapper mit Wesna im Schlepptau zurück.

Mit geübten Handgriffen bürstete er der Stute den Rücken, warf eine Decke darüber und schnallte ihr einen Ledersattel um.

»Da, steig auf«, sagte er mit einem Lächeln.

Ich war zugleich dankbar, neidisch und blamiert.

Ein Aushilfscowboy, der nicht mal sein Pferd fand.

Wenig später war alles vergessen.

Ich saß fest im Sattel und trabte Amelias blonder Stute hinterher. Den Wind um die Nase, auf dem Kopf den Cowboyhut, zum Schutz vor der Sonne und weil es einfach cool aussah. Ich versuchte, rhythmisch mein Becken im Takt des Trabes zu heben und zu senken, so wie mir das Cowgirl einen guten Reitstil erklärt hatte. Aus Faulheit lungerte ich allerdings bald träge im Sattel, was mit einem noch tagelang schmerzenden Hintern bestraft wurde.

Hinter mir in der Kolonne folgten Tony sowie drei reiterfahrene Städter auf braun-weiß gescheckten Paint

Horses. Eine klassische Westernrasse aus Nordamerika, muskulös und schnell, bei der man sofort an Cowboys und Indianer denkt.

Was dabei die wenigsten wissen: In Amerika gab es bis zur Ankunft der spanischen Entdecker im sechzehnten Jahrhundert gar keine Pferde. Das Urpferd war dort aus unbekannten Gründen ausgestorben. Einigen Indianern, vor allem den Apachen (go Winnetou!), gelang es später, den Europäern ihre Pferde zu stehlen und sie zu zähmen. Andere Tiere entkamen in die Freiheit und fanden im weiten Grasland Nordamerikas perfekte Lebensbedingungen vor. So entstanden aus den europäischen Hauspferderassen Herden der legendären wilden Mustangs, die zu Tausenden frei durch die Prärie zogen. In den folgenden Jahrhunderten perfektionierten einige nordamerikanische Indianerstämme die Pferdehaltung und übertrafen die Europäer mit ihren Reitkünsten. Die wahrscheinlich besten Reiter, die es je gegeben hat, waren Komantschen. Sie zähmten wilde Mustangs angeblich mit bloßen Handbewegungen und ein paar Worten. Mitten im rasenden Galopp konnten sich die Krieger horizontal an ihre Pferde hängen, um sich vor feindlichem Feuer zu schützen, und schossen aus dieser Position einen Pfeil nach dem anderen ab.

Komantschen tauchten zu Wettrennen auf zotteligen, relativ kleinen Pferden auf, den sogenannten Ponys, die bei den amerikanischen Kavalleriesoldaten lautes Gelächter auslösten. Nachdem die Bleichgesichter ihr letztes Hemd auf das schnellste ihrer hohen Rösser gesetzt hatten, flitzten die Komantschen auf ihren Ponys in unschlagbarer Geschwindigkeit los.

Auch unsere Kolonne wurde gerade von furchtlosen Ponys verfolgt. Sie waren aus der Koppel ausgebüxt, um der Langeweile zu entgehen.

Es war ein sommerlicher Nachmittag, und es roch nach Freiheit.

Von der Ranch hatte uns ein Feldweg in die Berge geführt, einige Kilometer vorbei an goldenen Weizenfeldern, bis wir schließlich einen Wald erreichten. Im Schatten hoher Eichen prallten die Hufe auf den steinigen Pfad.

Die Reitgruppe hatte sich geteilt.

Amelia führte unseren Trupp – und Karol den zweiten auf einer anderen Route. Einige Pferde verstanden sich nicht miteinander. Vor allem die Hengste in Karols Gruppe begannen schnell Streit, was für die Reiter mit Tritten oder Abwurf enden konnte.

Oder waren es Amelia und Karol, die sich nicht verstanden?

Zwar war ihr Leben auf den ersten Blick ein filmreifer Naturtraum mit Pferden. Doch der Schein trog. Das Ehepaar stritt sich täglich, lautstark und auf Polnisch. Meist wegen etwas, was Amelia in seinen Augen falsch gemacht hatte.

Noch nie war mir ein Mann so jähzornig wie Karol begegnet.

Nach einem Streit war er oft besonders ruppig mit den Tieren.

Doch egal ob Streit oder nicht: Man sprach Karol besser nie an. Der stiernackige Kerl mit dem runden Panzerknackergesicht und der blonden Stoppelfrisur schien immer kurz vor der Explosion zu stehen. Entsprechend beunruhigend fand ich, dass auf der Ranch überall Äxte, Peitschen, Kettensägen und Gewehre herumlagen.

Amelia hingegen schien immer niedergeschlagen.

Sie strahlte diese Traurigkeit aus, die jemand hat, der sich in seinem Leben gefangen glaubt. Nur wenn sie neben einem Pferd stand, lächelte sie. Und neben Tony.

Eigentlich war es offensichtlich, dass die beiden eine Affäre hatten.

Tony kam aus einem kleinen Ort bei Palermo.

Er war sechsundzwanzig und hatte von Kindheit an nur einen Traum gehegt: professioneller Fußballspieler zu werden. Mit achtzehn hatte er es geschafft und spielte als Verteidiger in der italienischen Profiliga.

Bis eine Verletzung den Traum vorzeitig beendete.

Doch etwas anderes als Fußballspielen hatte Tony nie gelernt. Seine Familie war arm. Was sollte er jetzt anstellen?

Tony packte seinen Rucksack und schaute nie mehr zurück.

Seit Jahren schon zog er um die Welt.

Er arbeitete als Cowboy in Montana, als Pflücker auf

Plantagen in der Türkei oder als Rezeptionist im Hostel in Costa Rica.

Statt Fußballer war Tony professioneller Volunteer geworden.

Vor zwei Monaten schließlich hatte es ihn auf die bulgarische Wild West Ranch verschlagen.

Er hatte noch immer die kräftige Statur eines Innenverteidigers, dazu dunkles Brust- und Haupthaar, sanfte braune Augen und immer ein freundliches Lächeln im Gesicht.

Tony strahlte diese Leichtigkeit des Seins aus, die jemand hat, der nichts besitzt.

Anders als ich schlief der Italiener nicht im Armeeanhänger, sondern in seinem eigenen kleinen Wohnwagen unten am Bach. Eines Morgens, als ich gerade Gras für die Kaninchen schnitt, sah ich Amelia verschlafen aus Tonys Wohnwagen steigen.

Ich wusste nicht, ob sie mich auch gesehen hatte. Jedenfalls sprachen wir nicht darüber.

Ein paar Tage später war es Tony, der reden wollte.

Wir buddelten gerade ein tiefes Loch für einen Brunnen hinter dem Hexenhaus, da sagte er: »Du hast sicher gemerkt, dass ich mit Amelia zusammen bin.«

Die Geschichte klang unglaublich.

Demnach waren die Ranchbesitzer zwar verheiratet. Sie lebten aber in einer Mischung aus offener Beziehung und innerer Scheidung.

Kurz nach seiner Ankunft, berichtete Tony, habe das

schöne Cowgirl heftig mit ihm geflirtet, und schließlich seien sie im Bett gelandet.

Um Karol, habe sie ihm gesagt, brauche er sich keine Sorgen machen. Die beiden hätten eine Vereinbarung, dass Sex mit Volunteers erlaubt sei. Oft würden sie Neuankömmlingen sogar erzählen, sie seien Bruder und Schwester.

Welche Abmachung das Ehepaar auch getroffen haben mochte: Die ständigen Streits deuteten darauf hin, dass sie nicht funktionierte. Vielleicht auch, weil Amelia und Tony ihre Affäre immer offener auslebten. Als ich vor zwei Wochen auf der Ranch angekommen war, deutete noch nichts auf ihr Verhältnis.

Doch seit ein paar Tagen holten sie gemeinsam Pferde von der Koppel und übernahmen zusammen das tägliche Kuhmelken. Sie lachten zusammen und tauschten Berührungen aus. Bald schlief Amelia jede Nacht in Tonys Wohnwagen und versuchte gar nicht erst, es zu verheimlichen. Und Karols Wutausbrüche wurden häufiger.

Die Stimmung auf der Ranch war angespannt wie ein Seil, an dem zwei Pferde in entgegengesetzten Richtungen zogen.

Jeden Abend saßen wir alle zum gemeinsamen Essen am Holztisch vor dem Hexenhaus. Karol, Amelia, Tony, der mysteriöse Soldatencowboy und ich. Meist war Karols Gesicht wie aus Eis. Er aß schweigend und trank ein Glas Wodka nach dem anderen.

Er schien mir wie eine Zeitbombe, die der Explosion entgegentickte.

Ich hatte keine Lust, in die stürmischen Wellen dieses Liebesdramas zu geraten, und verbrachte mehr Zeit mit dem schweigsamen Soldatencowboy.

Er hieß Jan und saß jeden Abend geheimnisvoll am Lagerfeuer. Den Hut so tief ins Gesicht gezogen, dass nur sein hämisches Lächeln im Licht des Feuers flackerte. Es war, als ob er sich über alles und jeden lustig machte. Sogar über diesen Ehestreit.

Jan kam wie die Ranchbesitzer aus Polen.

Er lebte schon über ein Jahr hier.

Gelangweilt vom Leben als Mechaniker in einem großen Autowerk, hatte er seinen gut bezahlten Job gekündigt und zog seitdem um die Welt.

Wie Tony war er ein optischer Mädchentraum.

Mitte zwanzig, blondes Haar, glattes Gesicht mit kantigem Kinn und klaren Augen, der Körper schlank und kräftig.

Und, na klar, auch dieser junge Brad Pitt war in das schöne Cowgirl Amelia verliebt.

Allerdings unglücklich.

Tony hatte mir erzählt, dass der Pole einmal ungefragt nackt zu ihr in die Freiluftdusche hinter dem Hexenhaus gestiegen war. Was immer er sich damit erhofft hatte, wurde durch Amelias wütendes Geschrei verhindert.

Seitdem mied der Verschmähte menschlichen Kontakt und verbrachte seine Zeit lieber mit den Schweinen sowie seinem besten Freund, einem kleinen Jack Russell Terrier.

Mir reichte es.

Ich war wegen der Pferde auf die Ranch gekommen und nicht, um einem Beziehungsdrama à la *Legenden der Leidenschaft* beizuwohnen. Die Tiere schienen ihre Hormone besser im Griff zu haben als das Personal.

Ich beschloss, mich ganz auf meine tierischen Aufgaben zu konzentrieren. Jeden Morgen und Abend fütterte ich die Kaninchen, Truthähne und übernahm von Amelia auch noch die Enten und den Raben.

Ich hatte vorher noch nie einen gesehen, nur die vergleichsweise kleinen Krähen. Der schwarze Vogel im Maschendrahtkäfig war sogar ein Kolkrabe, die größte aller Rabenarten. Er hieß Oskar.

Tagsüber durfte er sich frei auf der Ranch bewegen. Der umtriebige Kerl mit den scharfen Klauen machte den Welpen das Futter streitig, verprügelte mit seinem scharfen Schnabel die Jack Russell Terrier, und einmal riss er ein Babykaninchen aus dem Gehege und fraß es.

Danach erteilte ich ihm zur Strafe Käfigarrest.

Besonders ans Herz wuchs mir die meckernde Ziege, die am Bachwäldchen an einen Baum gebunden graste.

Sie war braun-schwarz-weiß gefleckt und hatte himmelblaue Augen. Immer wenn ich ihr einen Eimer Wasser zum Trinken brachte, schmiegte sie sich um meine Beine wie eine verschmuste Katze. Vielleicht aus Dankbarkeit, weil ich sie jedes Mal aus ihrer misslichen Verknotung befreite, in die sie sich beim Kreisen um den Baum gewickelt hatte.

Ich fand sie allerdings nie allein, sondern stets in Begleitung ihres besten Kumpels: einem blökenden braunen Schaf.

Derweil blieb meine Beziehung zum Maultier kühl. Die Mischung aus Pferd und Esel wartete stets misstrauisch direkt am Eingang zur Koppel wie ein Türsteher. Einmal schnappte der Muli nach den Möhren, die ich zum Anlocken der Reitpferde mitgebracht hatte. Und von der Milchkuh möchte ich gar nicht erst reden. Das vierhundert Kilo schwere Tier war mir – und ich schwöre: mit voller Absicht – auf den Fuß getreten, als ich es eines Morgens von der Weide geholt hatte. Das Maultier hatte alles gesehen und sich köstlich amüsiert.

Dafür aber konnte ich mein Verhältnis zur Stute Wesna stetig verbessern. Nach drei Wochen auf der Ranch erkannte ich sie jetzt am Gesicht. Auch das Satteln klappte inzwischen passabel.

Auf der Koppel traute ich mich sogar ganz ohne Sattel auf Wesnas nackten Rücken und trabte im gemächlichen Tempo über die Hügel.

Das war der Vorteil an einer postapokalyptischen Ranch fernab jeder Zivilisation: Wenn mir danach war, konnte ich ungefragt ein Pferd nehmen und einfach losreiten. Das einstige Ostblockland Bulgarien fühlte sich an wie der Wilde Westen. Mehr Freiheit ging nicht.

Der Nachteil: Sollte ich stürzen und halb tot im hohen Gras liegen, würde mich tagelang niemand finden. Falls mich die liebeskranken Rancher überhaupt suchen würden; woran ich meine Zweifel hatte.

Doch alles ging gut, und dank meiner tierischen Freunde war das Ranchleben trotz Liebesdrama wunderschön – bis zu jenem Morgen, als ein dunkles Auto den Feldweg hochgefahren kam.

Heraus stiegen Amelias Eltern.

Sie waren extra aus Polen angereist, um den anstehenden Geburtstag der Tochter zu feiern. Aber vorher wollten sie noch mit ihr ein paar Tage zum Ausspannen ans Schwarze Meer. Der beliebteste bulgarische Strand lag nur ein paar Autostunden entfernt. Tony hatte mir schon voller Vorfreude davon erzählt.

Denn er würde mitfahren.

Die Tochter fuhr mit den Eltern in den Strandurlaub und nahm den Liebhaber mit, während der Ehemann auf der Ranch zurückblieb? Offenbar waren nicht alle Polen so katholisch, wie ich bis dahin gedacht hatte.

Es gab da nur ein Problem.

Zwar war Mama in Eheprobleme und Affäre eingeweiht.

Doch ihr Mann wusste von nichts.

Eben noch schüttelte er Karol freudig die Hand. Im nächsten Moment warf Tony die Reisetasche in den Kofferraum und stieg mit Amelia hinten ins Auto.

»Fahr los«, raunte die Mutter.

Ob je ein Mensch derart verwirrt geschaut hat?

Als der Sandweg unter dem abfahrenden Auto knisterte, ließ sich Karols Gefühlswelt aus den kalten blauen Augen wie immer nur schwer ablesen. Er sah jedenfalls nicht unzufriedener aus als gewöhnlich. Nachdem Amelia verschwunden war, setzte er sich an den Tisch vors Hexenhaus und trank ein Bier.

Ich war besorgt.

Normalerweise hatte ich mit Karol nicht viel zu tun. Amelia kümmerte sich um die Volunteers. Aber nun würden Jan und ich drei Tage mit ihm alleine sein. Kurz überlegte ich, das Gewehr, die Äxte, die Peitsche und alle anderen waffentauglichen Dinge, die hier frei herumlagen, zu verstecken.

Doch meine Sorge war völlig unbegründet.

Die Atmosphäre auf der Ranch entspannte sich.

Ohne Amelia hatte Karol niemanden zum Streiten. Statt polnischer Flüche lagen auf einmal nur noch Pferdewiehern, Schweinegrunzen und Hundebellen in der Bergluft. Ich ging weiter meinen Tiersitteraufgaben nach und genoss die ländliche Idylle.

Und eines Tages hörte ich den finsteren Cowboy doch tatsächlich fröhlich lachen. Ich zertrümmerte gerade mit der Axt Rinderknochen zu Hundefutter (das war sonst Tonys Job), als Karols weißer Opel verfolgt von einer Staubwolke den Feldweg heraufgerast kam.

Mit ihm heraus stieg eine fremde Frau.

Sie war klein, blond und sehr jung.

So aufgekratzt hatte ich Karol noch nie erlebt. In

seinem weißen Fransen-Cowboyoutfit sah der zwanzig Jahre ältere Mann aus wie ihr durchgeknallter Vater. Die Fremde schien seine gute Laune allerdings nicht zu teilen, sondern verschwand mit verstörtem Gesichtsausdruck und rollendem Koffer in meinem Armeeanhänger.

Dort fand ich meine neue Mitbewohnerin, wie sie eine Pritsche bezog. Sie hieß Sarah, kam aus Wales und wollte für einen Monat auf der Ranch aushelfen.

»Ich liebe Pferde, und die Landschaft ist ja fantastisch idyllisch hier«, schwärmte sie. Also doch alles klar?

Sarah war achtzehn und machte eine Ausbildung zur Krankenschwester. Und eigentlich konnte die Waliserin nichts schocken. Sie berichtete, wie sie im Krankenhaus mal einen Mann behandeln musste, der kurz zuvor seine Frau im Streit getötet und sich anschließend selbst die Kehle durchgeschnitten hatte. Wenn er auch gestorben wäre, hätte Sarah das Fenster geöffnet.

»Damit seine Seele rausfliegen kann. Ist Krankenhausvorschrift.«

Ich fragte, warum sie dann eben so verstört aus dem Auto gestiegen war. Daraufhin erzählte die Achtzehnjährige, wie ein Mann im weißen Cowboykostüm sie vom Flughafen in Sofia abgeholt hatte.

Statt direkt zur Ranch fuhr der Fremde mit ihr in eine Bar.

Dort habe er wortlos – Karol sprach kaum Englisch – ein großes Bier getrunken, während die knallharte Krankenschwester es mit der Angst zu tun bekam.

Hatten ihre Eltern vielleicht doch recht gehabt?

»Volunteering ist nur was für Lebensmüde. Man sollte sich nie in die Obhut von Fremden begeben«, hatten sie die abenteuerlustige Tochter gewarnt.

Erst nach dem Bier war der Cowboy mit ihr zur Ranch gefahren.

»Ist der immer so?«, fragte die Waliserin besorgt, und ich wusste gar nicht, wo ich bei der Antwort anfangen sollte.

Später saßen wir alle zum Abendessen vor dem Hexenhaus.

Karol hatte sogar gekocht: Pasta mit Wodka.

Der liebestolle Pole stellte der jungen Waliserin ein Glas nach dem anderen vor die Nase.

»Ich kenne englische Frauen nur aus Pornos«, meinte Karol und lachte laut.

Dann wollte er wissen, ob Sarah noch Jungfrau war.

Sie schlang die Pasta herunter und flüchtete in den Armeeanhänger. Erst als Karol schlafen getorkelt war und ich mit Jan und seinem Jack Russell Terrier allein am Lagerfeuer saß, traute sie sich wieder raus.

Jan grinste wie immer geheimnisvoll unterm Cowboyhut. Dann erzählte er im Flackern des Feuers eine schaurige Geschichte.

Wie ich vermutet hatte, war der Umzug des polnischen Paares in die bulgarische Pampa vor sieben Jahren nicht ganz freiwillig erfolgt.

Zwar stimmte es, dass Karol an der Börse viel Geld verdient hatte – allerdings durch Wertpapierbetrug. Zudem war er mit der Unterwelt vernetzt und besaß in Polen ein Bordell.

Nachdem der Ermittlungsrichter einen Haftbefehl ausgestellt und Karols geprellte Kunden ihr Geld wiederhaben wollten, tauchte der Banker mit seinem Model Amelia in Bulgarien unter.

Mehrere Jahre lebten sie unbehelligt ihr Westernleben mit Pferden.

Bis eines Tages ein bulgarischer Sheriff auf die Ranch kam und Karol Handschellen anlegte.

»Du machst Witze, er war im Gefängnis? Und ein Zuhälter?«, fragte Sarah schockiert.

Karol, fuhr Jan fort, musste für über zwei Jahre hinter Gitter.

Derweil lebte seine Gangsterbraut alleine weiter auf der Ranch. Es war in dieser Zeit, dass Amelia begann, sich nach anderer männlicher Gesellschaft umzusehen. Als Karol aus dem Gefängnis kam, hatte sich seine Frau an ein Leben ohne ihn gewöhnt.

Jedes andere Paar hätte jetzt wohl an Scheidung gedacht.

Doch ihr gesamtes Vermögen steckte in der Ranch und den Pferden. Also arrangierten sie sich, hatten Affären mit ihren Volunteers, und Ex-Bordellbesitzer Karol bestellte sich ab und an Prostituierte in den Westernwagen.

Jan meinte, dass das lange gut funktioniert hätte.

Doch nun war Karol neidisch auf Amelias Glück mit Tony.

Deshalb gebe es gerade so viel Streit.

Alle Hoffnungen, sagte Jan und grinste gehässig zur jungen Waliserin, richteten sich daher auf sie.

»Wenn du was mit Karol anfängst, haben wir wieder etwas Ruhe.«

Der furchtlosen Krankenschwester stand die Angst im Gesicht.

Ein Pferd wäre jetzt panisch weggerannt.

Am nächsten Morgen wartete Karol mit dem größten Pferd, das ich je gesehen hatte, vor dem Hexenhaus. Ein graues »Shire Horse«, die größte Pferderasse der Welt.

Die Stute hieß Baronin und überragte mich um einen Kopf.

Das gewaltige Tier zog einen hölzernen Anhänger. Darauf saß Karol mit den Zügeln in der Hand und neben ihm Jan.

»Steigt ein, wir machen einen Ausflug«, sagte der Ex-Häftling und zwinkerte Sarah zu. Wenig später fuhren wir wie in einem Boot auf stürmischer See den unebenen Feldweg entlang.

Vorbei an Weizenfeldern, den Bach folgend, bis zu einem Wäldchen. Die Berge waren golden, der Himmel blau, mit ein paar aufgequollenen weißen Wolken darin. In einem Westernfilm hätten jetzt Indianer angegriffen.

»Nehmt die Kettensägen«, befahl Karol.

Wir brauchten Holz für Amelias Geburtstagsfeier am nächsten Tag. Zu dem Fest erwartete er über fünfzig Gäste, Kunden und Freunde der Ranch. Die ganze Nacht hindurch sollte ein großes Feuer lodern.

Das Knattern der Kettensägen schreckte ein paar Krähen auf, die vor mir im Baum saßen. Wenig später krachte eine hohe Kiefer ins Gras.

Jan war gerade dabei, einen noch gewaltigeren Baum zu fällen, da schrie Karol: »Runter! Fresse halten!«

Wie ein Sack plumpste ich in den Dreck und erblickte in der Ferne den Grund für die Aufregung.

Einsam patrouillierte ein Polizeiauto verloren auf der Landstraße herum.

Wir fällten hier gerade ohne Genehmigung Bäume, und das war garantiert nicht mal Karols Land. Die Kettensäge in der Hand würde es relativ schwer machen, meine Unschuld zu beteuern. Und mit Karols Vorstrafe würden sie ihn garantiert gleich mitnehmen. Doch das Polizeiauto wurde immer kleiner und verschwand hinter der nächsten Kurve.

Keine halbe Stunde später zog die Baronin den Anhänger inklusive uns und zwei Kiefern zurück zur Ranch.

Die Nahknasterfahrung war noch nicht mal der größte Schock an jenem Tag. Denn für Amelias Geburtstag war nicht nur ein Feuer geplant.

Sondern auch ein saftiger Braten.

Den Cowboyhut tief ins Gesicht gezogen, stand Jan in seiner Militärjacke vor mir. Das erste Mal sah ich ihn ohne Grinsen. In der Hand hielt der Soldatencowboy ein langes Bajonettmesser.

»Komm mit«, sagte er kalt.

Ich folgte ihm den Hang hinunter zu dem Wäldchen, wo die …

… nein, das durfte nicht sein.

Nicht die Schmuseziege!

»Meee-eee-eee-eee-e«, meckerte sie uns in Vorfreude auf Gesellschaft entgegen. Sie hatte sich mit dem Seil mal wieder ungeschickt um einen Baum gewickelt. Dumme, dumme Ziege. Als ich sie befreite, schmiegte sie dankbar die Hörner an meine Beine. »Meee-eee-eee-ee!«

Jan nahm das Seil, und wir führten die Ziege den Hang hinauf Richtung Hexenhaus, dem Schlachtplatz. Uns folgte aus freiem Willen ihr treuer Freund, das braune Schaf.

Oben angekommen, sagte Jan: »Drück sie auf den Boden und halt sie fest.«

Die blauen Ziegenaugen zwinkerten ahnungslos.

»Nein«, raunte ich, »das können wir nicht machen.«

»Spinnst du? Karol will einen Braten.«

Schweren Herzens erwiderte ich: »Nehmen wir das Schaf, da ist doch eh mehr dran.«

Jan überlegte kurz, zuckte mit den Schultern und meinte: »Okay, aber wenn Karol sauer ist, bist du schuld.«

Dann packte ich das überraschte Schaf an der braunen Wolle und drückte es seitlich zu Boden. Eine Hand am Kopf, die andere am Bauch, meine Knie auf seinen Beinen.

Der letzte Schaflaut war ein tiefes Blöken.

Dann schnitt der Soldatencowboy ihm die Kehle durch. Das Tier zuckte, die offene Atemröhre röchelte, während tiefrotes Blut auf saftig-grünes Gras floss. Ein dunkles Schafauge blickte mich angsterfüllt an, bevor alles Leben aus ihm entwich.

Sarah musste kein Fenster öffnen, die Seele konnte in den weiten Himmel über uns entweichen. Vielleicht sah sie von oben noch, wie ihr früherer Körper auf dieser grünen Wiese zwischen den Bergen langsam ausblutete.

Und was tat die Ziege, während ihr bester Freund neben ihr starb? Sie fraß Gras, so als ob nichts wäre.

»Meeee-eeee-eee-eeee.«

An diesem Abend trank ich fast so viel Wodka wie Karol.

Dann kam der Tag des Festes.

An Amelias dreiunddreißigstem Geburtstag zogen graue Wolken von den Bergen herüber, deren Schatten dunkle Flecken auf die Ranch warfen.

Bald würden die Gäste eintreffen.

Wir Volunteers hatten zur Feier des Tages etwas Ordnung geschaffen, den Großteil des Metallschrotts unter Planen versteckt und die vergilbten Wohnwagen gewaschen. Als Dekoration standen ein paar Pferde herum, und auch die Ziege meckerte feierlich vor sich hin.

Sarah schmückte das postapokalyptische Zigeunergelände mit Blumen, ich nahm mir eine der auf dem Gelände herumliegenden Äxte und zerhackte die Kiefern zu

Feuerholz, und Jan drehte das gehäutete Schaf über den Flammen.

Nur das Geburtstagskind fehlte.

Ich fragte mich, ob Amelia vielleicht mit ihrem italienischen Liebhaber durchgebrannt war. Doch dann kam der dunkle Kombi der Eltern den Feldweg hochgefahren. Das Cowgirl stieg aus und nahm Glückwünsche entgegen.

Als Tony mir beim Holzhacken half, fragte ich neugierig:»Und wie wars am Schwarzen Meer?«

»Besser als beim letzten Mal«, lachte der Italiener.

Da seien sie zu viert mit Karol und einer jungen Volunteer-Gespielin aus Lettland ans Meer gefahren. Karol habe die Frauen gedrängt, sich zu küssen, und dann hatten alle gemeinsam Sex. Im Gegensatz dazu sei Amelias mürrischer Stiefvater das reinste Kinderspiel gewesen.

»Warum machst du das eigentlich mit?«, bohrte ich weiter.

»Ich liebe sie so sehr«, hauchte Tony.

Er sei, reflektierte der Italiener, hoffnungslos in einem »Dramadreieck« gefangen, in dem Amelia das Opfer, Karol der böse Wolf und er selbst der strahlende Retter sei.

Pünktlich zum Eintreffen der Gäste brachen ein paar Sonnenstrahlen durch die dunkle Wolkendecke.

Es sah aus wie auf einer Western-Themenparty.

Die Männer trugen Cowboyhüte und die Frauen auch, dazu Jeans und Stiefel. Nur Amelia hatte sich in ein schwarzes Kleidchen gezwängt, das ihren athletischen Körper betonte, in den Händen hielt sie einen Strauß roter Rosen.

Vor dem Feuer mit dem gerösteten Schaf bildete sich eine lange Schlange. Karol stand mit einem großen Messer daneben und verteilte gönnerhaft saftiges Fleisch. Jan, der die ganze Arbeit gemacht hatte, schmollte etwas abseits.

»Siehst du den Typen da?«, raunte er mir zu, als ein kräftiger Kerl sein Stück Schaf abholte und mit Karol tuschelte. Seine Oberarme waren dick wie Pferdeschenkel, um den Stiernacken hing eine silberne Militärmarke.

»Das ist der Polizist, der Karol festgenommen hat.«

Hä?

Warum stießen ein Straftäter und dessen Einbuchter mit einem Bier an?

Kein Krimiautor hätte sich diese Geschichte ausdenken können. Jan berichtete, dass die Tochter des Beamten an einer Hirnstörung litt. Das Einzige, was ihr half, waren Therapiestunden mit Pferden. Nun seien Karol und der Polizist beste Freunde.

Prost.

Bier, Wodka, Wein und Cocktails flossen in Strömen.

Die Stimmung war ausgelassen.

Bis tief in die Nacht tanzten, lachten und tranken die Gäste. Abwechselnd tauchte das große Feuer das Hexenhaus und die Wohnwagen in Gelb, Orange und Rot. Aus großen Lautsprechern hallte amerikanische Countrymusik durch die bulgarischen Berge.

Erst in den frühen Morgenstunden fielen die Ersten in ihre Wohnwagen oder fuhren nach Hause.

Aus den dunklen Wolken war inzwischen ein ernstes Gewitter geworden. Wütend grollte und blitzte es über den Bergen.

Betrunken drängte sich Karol dicht neben die Waliserin auf eine Holzbank, legte seine schwere Hand auf ihr Bein und lallte, dass sie sich nicht so zieren solle.

Verstört flüchtete sie zu Jan, Tony und mir auf eine Holzbank am Feuer.

Derweil tanzte Amelia um die Flammen wie eine sexy Hexe. Sie schwang die Hüften im Takt der Countrymusik und begann, ihr Kleidchen herunterzurollen.

Italiener Tony war außer sich vor Eifersucht.

Genau wie Karol, der sich außerdem von der Waliserin verschmäht fühlte.

Beide Männer starrten auf die halb nackte Amelia, als wäre sie ein saftiges Stück Schaf.

Schließlich sprang Tony von der Holzbank und marschierte wütend den Hang hinunter in Richtung seines Wohnwagens.

»Was hat er denn?«, fragte Sarah und folgte ihm.

Genau in diesem Moment erwachte Amelia aus der Hexentrance und sah ihren Liebhaber und die Waliserin zusammen in die Nacht verschwinden.

»Was willst du von dieser Schlampe?«, brüllte sie und folgte ihnen in die Dunkelheit.

Das Gewitter lag nun genau über der Ranch.

Für den Bruchteil einer Sekunde leuchtete ein gleißender Blitz auf, und ich sah die drei Gestalten vor Tonys Wohnwagen.

Ein krachendes Donnern folgte.

Dann wie Millionen Indianerpfeile der Regen.

Ich weiß nicht mehr ,warum, aber ich wollte nach dem Rechten sehen und ging hinterher.

Der Boden hatte sich in einen einzigen matschigen Sumpf verwandelt, mit nassen Füßen erreichte ich Tonys Wohnwagen.

Davor stand Amelia, schrie unverständliche Worte und weinte. Dann riss sich die Betrunkene ihr durchnässtes Kleid vom Leib und hämmerte halb nackt an Tonys Wohnwagentür.

Seelenruhig sagte der Italiener ihr durch den Fensterspalt, dass er sauer sei und sie jetzt nicht sehen wolle.

Er brauche jetzt eine Freundin zum Reden. Sarah.

Das machte das halb nackte Cowgirl nur noch wütender.

Sie schrie auf Polnisch und hämmerte.

Bis sie wie ein Sack in den Matsch fiel und sanft zu schnarchen begann.

»Sie holt sich den Tod!«, rief die Krankenschwester, kam aus dem Wohnwagen und versuchte, die größere Amelia aufzuheben.

»Lass mich! Lasst mich alle!«, lallte die Betrunkene.

»Lasst sie dort schlafen, wenn sie unbedingt will!«, brüllte der aufgebrachte Tony.

Sarah und mir reichte es.

Sollte das Liebespaar seine Probleme selbst klären.

Im prasselnden Regen stapften wir zurück zum Armeeanhänger.

Die Achtzehnjährige erklärte, sie wolle am nächsten Tag abreisen. Bevor Amelia sie aus Eifersucht umbringen oder Karol sie vergewaltigen könne.

Ich fand ihren Entschluss ziemlich nachvollziehbar.

Erschöpft fiel ich im abgetrennten Bereich des Armeehängers auf meine Matratze.

Kurz vor dem Einschlafen war es mir, als ob ich Karols gedrungene Gestalt im Licht eines Blitzes auf den Wohnwagen des Italieners zugehen sah.

Auf dem Kopf seinen Cowboyhut.

In der Hand ein langes Messer.

Dann wurde es dunkel vor meinen Augen.

Wir fanden Tonys Leiche am Bach.

Die Kehle durchgeschnitten, wie beim braunen Schaf.

Das rote Blut floss aus seinem Hals aufs nasse Gras. Es regnete noch immer in Strömen.

Tonys tote Augen starrten mich vorwurfsvoll an.

Während seine Seele über unsere Köpfe in den Himmel schwebte, graste neben ihm die Ziege, als ob nichts wäre.

Schweißgebadet wachte ich auf.

War es nur ein Traum?

Verwirrt kletterte ich aus meiner Schlafzelle ins Freie in den grauen Morgennebel.

Draußen hockten Amelia und Sarah neben der Kuh, die Melkmaschine ratterte vor sich hin. Die Waliserin hatte ihre Meinung bereits wieder geändert. Nachdem sich Amelia bei ihr entschuldigt und versprochen hatte, dass sie in Sicherheit sei, wollte die Achtzehnjährige nun doch noch auf der Ranch bleiben.

Beschämt schaute mich das Cowgirl an.

»Sorry, ich hab gestern zu viel getrunken. Karol hat mich zurückgetragen.«

Ich rannte den Hang hinunter zu Tonys Wohnwagen und hämmerte an seine Tür, um sicherzugehen, dass er noch lebte.

»Was ist? Ich füttere die Enten später«, stotterte der Italiener verschlafen.

In diesem Moment entschied ich, noch an diesem Tag abzureisen. Zwar hatte ich eigentlich noch eine Woche, doch das Dramadreieck wurde zu viel für meine Nerven. Es war nicht ausgeschlossen, dass hier doch noch jemand aus Eifersucht erschlagen wurde. Also packte ich meinen Rucksack und lief den Feldweg hinunter zur Straße.

Wie zum Abschied wartete meine Stute Wesna unter einem Baum.

Sie blieb zurück auf der Ranch der Leidenschaften.

An der einsamen Landstraße hielt ich den Daumen raus und landete an einem Badeort am Schwarzen Meer. Nachdem ich mich in meinem Zelt ein paar Tage am Strand vom Ranch-Schreck erholt hatte, entschied ich, dass mein nächster Tiersitterjob etwas weniger menschliches Drama vertragen könnte.

Als ich vor einigen Jahren das zentralasiatische Bergland Kirgisistan bereist hatte, war ich am Bergsee Yssykköl zufällig an einem Tierschutzprojekt des deutschen Naturschutzbunds NABU vorbeigefahren, hatte für einen Besuch aber leider keine Zeit mehr gehabt. Ich war mir sicher: Das waren professionelle Leute, keine Ex-Häftlinge und durchgedrehte Liebeskranke. Außerdem würde ich dort auf eines der faszinierendsten Tiere überhaupt treffen: den Schneeleopard. Per E-Mail nahm ich Kontakt mit dem NABU auf und hatte Glück – ich durfte kurzfristig vorbeikommen.

Wenig später überquerte ich im Bus zum Flughafen nach Istanbul die bulgarisch-türkische Grenze und saß bald im Flieger nach Kirgisistan.

Kirgisistan

Die Schneeleopardin

Da schaute ich dem geheimnisvollen Wesen also direkt ins Auge. Wissenschaftler, Tierfotografen und Filmemacher waren schon auf der Suche nach ihm verzweifelt. Er ist eines der am seltensten gesichteten Wildtiere der Welt: der Schneeleopard. Kein Wunder, denn die Raubkatze ist ausgesprochen scheu, fast ausgestorben und lebt in den kalten Hochgebirgen Zentralasiens. Ein Gebiet, das sich über zwei Millionen Quadratkilometer und zwölf Staaten erstreckt. Über die Berge des Himalaya, Hindukusch, Altai, Kunlun, Pamir, Tian Shan – und auch dort, wo ich gerade war: im kirgisischen Alatau-Gebirge.

Dass ich nun in Kirgisistan stand, lag nicht nur daran, dass mir das kleine postsowjetische Bergland nicht nur meine erste Reiterfahrung geschenkt hatte. Sondern ich hatte auch von dem Schneeleoparden-Projekt erfahren, dass der NABU hier in Zusammenarbeit mit kirgisischen Behörden betreibt. Damals hatte mir die Zeit für einen

Besuch gefehlt, doch nun schien es mir als perfekte Tiersitterstation.

Weil er fast nie zu sehen ist, nennen die Kirgisen den Schneeleoparden »Geist der Berge«. Und doch saß dieser Geist jetzt vor mir, eine echte Schneeleopardin.

Ihr Name war Alcu.

Sie fixierte mich mit Augen groß und klar wie Juwelen, die beinahe weiß schimmerten. Alcus Kopf war mit kleinen Pünktchen verziert, die Nase breit und flach, die rundlichen Ohren nach hinten angelegt.

Der muskulöse Körper der Leopardin maß von Schnauze bis Hintern rund einen Meter. Ihr buschiger Schwanz war noch mal so lang, im Sprung diente er zum Steuern und im Schnee als wärmende Decke. Schneeleoparden können bis zu sechzehn Meter weit springen – Rekord aller Landtiere, sogar das Känguru springt höchstens dreizehn Meter weit.

Alcus massige, aber anmutige Erscheinung wurde überzogen von dichtem Fell, grau bis beige, geschmückt mit schwarzen Flecken und Kringeln.

Zwar schien es weich und plüschig, doch anfassen bedeutete Lebensgefahr.

So saß die Schneeleopardin schweigend und abwartend im grünen Gras, eine Kreatur wie aus einem Märchenbuch. In freier Wildbahn hätte ich sie höchstens mit einem Fernglas, und auch nur mit ganz viel Glück, auf mehreren Hundert Metern Entfernung beobachten können.

Dass ich ihr jetzt so nah sein konnte, lag an der Besonderheit dieses Orts – und Alcus traurigem Schicksal.

Ich war in einem Rehazentrum für Wildtiere, mitfinanziert vom NABU, nördlich des kirgisischen Bergsees Yssykköl.

Auf dem fünfzig Hektar großen Bergareal mit Fernblick auf den See standen nur ein paar Hütten für die Mitarbeiter, das Leopardengehege sowie kleinere Käfige für verletzte Wildtiere; darunter Greifvögel und kleinere Raubkatzen, die nach einer Erholungsphase wieder zurück in die Wildnis durften.

Nur für die Schneeleopardin gab es keine Reha mehr. Sie musste den Rest ihres Lebens hier verbringen und würde nie wieder frei durch die Berge streifen.

Und schuld waren Menschen.

Alcu war noch als Kätzchen in eine Falle von Wilderern getappt. Blitzschnell hatten sich scharfe Eisenzacken in ihre linke Vorderpfote gebohrt und ließen nicht mehr los. Zum Glück fanden nicht die Gauner das vor Qual schreiende Tier, sondern Wildhüter der – ebenfalls vom NABU finanzierten – Anti-Wilderer-Einheit »Gruppa Bars« (zu Deutsch: »Gruppe Schneeleopard«).

Ein Tierarzt musste Alcus schwer verletzte Pfote amputieren. In freier Wildbahn konnte die kleine Leopardin so nicht überleben.

Ich war mir nicht sicher, ob es für Alcu Glück im Unglück war, dass der NABU damals im Jahr 2002 gemeinsam mit dem kirgisischen Staat gerade das weltgrößte Freigehege für Schneeleoparden gebaut hatte. Siebentausend Quadratmeter an einem Hang mit Felsen, Höhlen und Wiesen. Hierhin hatten die Tierschützer Alcu gebracht. Hier lebte sie seitdem. Und mit ihren fünfzehn Jahren hatte sie die Lebenserwartung für einen frei lebenden Schneeleoparden inzwischen fast erreicht. War das ein erfülltes Schneeleoparden-Leben?

Es war Juli.

Das Rehazentrum befand sich auf tausendachthundert Metern Höhe. Sonnenschein und fünfundzwanzig Grad über null waren eigentlich viel zu warm für Schneeleoparden; sie leben in freier Wildbahn zwei Kilometer höher. Alcu hechelte, lag meist im Schatten und bewegte sich nur, wenn es nötig war.

Doch die niedrige Höhe war der Kompromiss, den die Tierschützer für die Logistik eingegangen waren. Zwar befand sich das Areal in menschenleerer Gegend; hinter Hügeln und Bergen am Ende einer unbefestigten Schotterstraße. Doch schon einige Kilometer entfernt lebten Bauern. Und noch etwas weiter befand sich der Anschluss zur gut ausgebauten Straße, die den Yssykköl-See samt seiner Touristenorte umrundete und eine Anbindung an die Hauptstadt Bischkek bot.

Es war ein seltsam melancholischer Ort, trotz der überwältigenden Naturkulisse aus Bergwiesen, Gipfeln und dem Bergsee.

Zusammen mit Alcu lebten noch zwei weitere Schneeleoparden hinter dem grünen Metallzaun mit schweren Stangen, der eine große Fläche auf einem Hang begrenzte. Im Abstand von mehreren Hundert Metern standen kleine Hütten mit klapprigem Charme.

In einer wohnten die Wildhüter. Eine andere war für Gäste. Und wieder andere dienten als Käfige für die Tiere. Dazwischen lagen Hügel mit hohen Wiesen, die im Wind zu wogenden Wellen wurden.

Der Bergsee, tiefblau, schwebte wie eine Fata Morgana in der Ferne. Seitlich und hinter ihm wuchsen weiße Gipfel – über fünftausend Meter hoch –, die sich mit den Wolken im Himmel vereinigten.

Es war wie ein Zoo ohne Besucher. Nur die Tiere und ihre Wildhüter lebten hier.

Und für eine Woche ich als Aushilfstiersitter. Dafür, dass ich auf dem Gelände kostenlos wohnen durfte, brauchte ich nicht viel zu tun, außer von den Wildhütern so viel wie möglich über Schneeleoparden zu lernen und der Außenwelt davon zu berichten.

»Schreib über sie. Dann gibt es vielleicht noch Rettung«, mahnten die Wildhüter abwechselnd zu unterschiedlichen Tageszeiten.

Vielleicht würde der NABU in Zukunft hier auch ein Programm für Volunteers einrichten. So wie es in Sri Lanka für Elefanten existiert, wo junge Menschen aus aller Welt nicht wenig Geld dafür bezahlen, um Elefantenmist zu schaufeln.

Doch hier in Kirgisistan war man noch nicht so weit.

Außerdem hatten Schneeleoparden, anders als Elefanten, die blöde Angewohnheit, Volunteers aufzufressen.

Weil ich aber doch mehr als berichten wollte, beschloss ich, mich selbst zum besten Schneeleoparden-Kumpel des Camps zu ernennen und den Tieren gut zuzureden.

Jeden Tag begleitete ich die drei Wildhüter, die hier routiniert und tiefenentspannt ihre Aufgaben erfüllten.

Wie die Schneeleoparden schienen sie ein- oder zweimal am Tag aus dem hohen Gras aufzutauchen und verschwanden dann wieder.

Und ich genoss die Einsamkeit mit den Großkatzen und versuchte, kumpelhafte Gespräche anzustoßen. Meistens schwiegen die gepunkteten Plüschkiller aber und sahen mich an wie einen zu viel quatschenden Leckerbissen.

Wenigstens war ich nicht allein, sondern in Begleitung meines guten Freundes Paul. Er hatte als Kind mit seinen Eltern in Kasachstan gelebt und sprach wesentlich besser Russisch als ich. Paul konnte für mich in Kirgisistan dolmetschen, wo man mit Englisch nicht weit kam. In dem kleinen Land, das früher mal zur Sowjetunion gehört hatte, ist Russisch neben Kirgisisch immer noch Amtssprache.

Der Leiter des NABU-Büros in Bischkek, Tolkunbek Asykulov, hatte uns im Jeep aus der Hauptstadt fünf Stunden hierhergefahren. Kurz sah er nach dem Rechten, sagte den Männern, dass Paul und ich nun eine Woche hier leben würden, und fuhr wieder ab.

Die Wildhüter, ein Kirgise und zwei Russen, reichten uns die Hände und verschwanden wieder, um ihrer Arbeit nachzugehen.

Das wars an Protokoll.

Von nun an waren Paul und ich auf uns gestellt.

Die Gästehütte war leider belegt, doch wir hatten ein olivgrünes Zweimannzelt dabei, das wir in der Nähe des Leopardengeheges aufschlugen.

Ich saß mit einem Meter Sicherheitsabstand am Zaun und blickte der Schneeleopardin, die offenbar neugierig auf uns war, in die Augen. Ich hätte hindurchfassen und ihr den Kopf streicheln können. Doch dann wäre wahrscheinlich auch meine Hand ab gewesen.

Das Tier leckte sich schon mit der Zunge über die Schnauze.

Zum Glück aber nicht wegen mir, sondern weil Fütterungszeit war.

Von einem Hügel herab kam Wildhüter Asulbek in schmutzigen Arbeitsklamotten auf seinem Pferd geritten.

Der kleine Gaul hatte nicht nur an dem schweren Kirgisen zu schleppen, sondern auch an einem riesigen Brocken Fleisch, der blutrot über einem noch gut erkennbaren Skelett aus Rippen hing.

»Guten Morgen, Alcu. Hast du Hunger?«, fragte Asulbek.

Die Leopardin ging erwartungsvoll vor dem Zaun hin und her, ihr geschmeidiger Gang hart unterbrochen vom Humpeln wegen der fehlenden Pfote.

Nun sah ich, dass sich das Gras hinter ihr seltsam bewegte.

Alcus Artgenossen rochen das Fressen und pirschten an die Stelle des Zaunes, wo Asulbek und das Fleisch warteten.

Das waren das fünfzehnjährige Männchen Kunak und seine Tochter, die zehnjährige Kalutschka.

Auch Kunak war von den Rangern der Gruppa Bars gerettet worden, als ein kasachischer Wanderzirkus ihn 2003 außer Landes bringen wollte. Zwar war das Jungtier unverletzt, doch ohne eine Mutter, die ihm das Jagen in freier Wildbahn beibringen konnte – Jungtiere bleiben bis zu zwei Jahren bei der Mutter –, würde auch er nie in Freiheit überleben können.

Dasselbe galt für Kalutschka. Zwar war sie ein großer Erfolg des Rehazentrums, weil sie hier gezeugt und geboren wurde und es damit auf diesem Planeten immerhin ein zusätzliches Exemplar der vom Aussterben bedrohten Art gab, doch auch dieser Leopard würde nie auf sich gestellt in der Wildnis überleben können.

Wildhüter Asulbek warf nun mit aller Kraft den über zehn Kilo schweren Fleischbrocken über den hohen Metallzaun.

Mit einem dumpfen Geräusch fiel er ins Gras.

Von drei Seiten näherten sich die Schneeleoparden.

Zuerst vergrub Alcu ihre Zähne in der zähen Masse, sie war die Chefin hier im Gehege.

»So ists gut«, freute sich Asulbek.

Anders als Löwen oder Tiger fressen Schneeleoparden nicht im Liegen, sondern kauernd. Genau wie Hauskatzen. Sie können übrigens auch nicht brüllen, dafür aber schnurren.

Zweimal am Tag bekamen die Leoparden hier was zu fressen.

Ich beobachtete die Raubtierfütterung mit gemischten Gefühlen.

Zunächst hatte ich geglaubt, die Wildhüter würden das Fleisch für die Fütterung auf dem nächsten Markt kaufen.

Ich hatte mich gefreut über die zahlreichen Esel, die auf dem Areal lebten.

In einer großen Herde von über zwanzig Tieren zogen sie umher, standen auf Wiesen, unter Bäumen und lebten friedlich vor sich hin.

Ab und zu schallte ein lautes Esel-Iiiee-aahhh durch die Berge.

Besonders angetan hatte es mir ein kleiner dunkelgrauer mit einer strubbeligen Frisur. Ab und zu zog er allein über die Wiesen und Pfade des Areals und tauchte dabei auch gelegentlich vor unserem Zelt auf.

Er war äußerst gesellig. Ich taufte ihn Freddy.

Eines Tages, nach etwa der dritten Fütterung, fragte ich Asulbek: »Was ist das eigentlich für Fleisch?«

»Esel.«

Dreiunddreißig Denksekunden.

»Esel? Aber doch nicht von hier, oder?«

»Klar, was denkst du denn, warum die da sind?«

Wie sich herausstellte, gehörte zu seinen Aufgaben auch das Töten und Zerkleinern der Esel, um sie an die Leoparden zu verfüttern.

Von dieser Schocknachricht musste ich mich erst mal erholen.

Danach erklärte mir Asulbek, dass dies im Vergleich zum Markt die preiswertere Lösung sei.

Ein Esel koste zweitausendfünfhundert kirgisische Som, umgerechnet etwas mehr als dreißig Euro. Und die drei Leoparden fräßen einen Esel pro Woche.

Freddy! Nicht Freddy!

Asulbek musste mir versprechen, meinen Lieblingsesel zu verschonen. Anschließend ritt der massige Kirgise wieder auf seinem kleinen Pferd davon, den Hügel hinauf, wo die Wohnhütte der Wildhüter thronte.

Zum Abschied winkte er noch und rief, wahrscheinlich aus Mitleid: »Kommt heute Abend zum Essen vorbei, wir kochen Suppe. Ohne Esel, versprochen!«

Das war der gnadenlose Lauf der Natur.

Schneeleopard frisst eben Esel.

Zugegeben: Auf der Welt gibt es deutlich mehr Esel als Schneeleoparden. Schätzungen zufolge bevölkern etwa vierundvierzig Millionen Langohren die Erde, oft als Lasttiere im Dienst von Menschen.

Wie viele Schneeleoparden es noch gibt, ist schwer zu sagen.

Weil die scheuen Großkatzen so hoch oben leben, wo kaum ein Mensch hinkommt. Zudem sind Schneeleoparden Einzelgänger, mit Revieren, die mehrere Hundert Quadratkilometer umfassen. Wissenschaftler können also keine Gruppen verfolgen, die leichter zu finden wären. Die Schätzungen für Kirgisistan, wo sich nach China der größte Lebensraum befindet, reichen von zweihundert bis fünfhundert Großkatzen. Weltweit vermuten Experten noch zwischen dreitausend und siebentausend Tiere. Hinzu kommen weltweit etwa sechshundert in Zoos.

Kurzum: Der Schneeleopard ist beinahe ausgestorben.

Zwar steht er auf der Roten Liste der gefährdeten Arten und ist überall streng geschützt. Trotzdem fallen pro Jahr mehrere Hundert Tiere Wilderern zum Opfer.

Bei dem Tempo könnte der Schneeleopard bereits in zehn Jahren von der Erdoberfläche verschwunden sein.

Der Schneeleopard hatte gleich doppelt Pech.

Jäger hatten es nicht nur auf ihn und sein schönes Fell abgesehen, das wegen seines kalten Lebensraums von allen Katzen am dichtesten und längsten ist.

Sondern auch auf sein Futter.

In freier Wildbahn fressen Schneeleoparden nämlich keine Esel. Sondern sie jagen die Huftiere, die mit ihm in Höhen von über dreitausend Metern leben. Etwa den Asiatischen Steinbock, das Blauschaf oder das Riesenwildschaf Argali. Die Köpfe all dieser Tiere sind bei Trophäenjägern wegen der tollen Hörner besonders beliebt.

Und weil der Mensch dem Schneeleoparden das natürliche Futter aus Spaß am Töten weggejagt hat, muss die Raubkatze immer weiter von ihren Bergen herunterkommen, um noch Nahrung zu finden.

Mancherorts wurden sie auf nur sechshundert Metern Höhe in der Nähe von Siedlungen gesichtet.

Auch hier tötet der Mensch den »Geist der Berge«.

Diesmal, weil er sich angegriffen fühlt und um sein kostbares Vieh fürchtet.

Es war zum Heulen.

Ich wusste nicht, mit wem ich mehr Mitleid hatte: mit Alcu, Kunak und Kalutschka oder dem armen Esel, den sie gerade vor meinen Augen verspeisten.

Ein moralisches Dilemma.

Zeit für einen Spaziergang.

Neben dem großen Gehege für die Schneeleoparden entdeckte ich ein kleineres. Auch darin befand sich Natur: hohes Gras und einige Felsen. Ansonsten schien es leer.

Ich wollte schon fast weitergehen, als ich plötzlich zwei spitze Ohren mit langen Haarbüscheln im Gras sah.

Sie wanderten auf mich zu, bis auch deren Besitzer deutlich vor mir stand. Ein Luchs. Nicht ganz so groß wie ein Schneeleopard, aber mindestens so majestätisch.

Mit grünen Augen starrte er mich an.

Später erfuhr ich von den Wildhütern, dass der Luchs Wassili hieß und seit drei Jahren hier lebte. Auch er war von der Gruppa Bars beschlagnahmt worden.

Weil Wassili bei Menschen aufgewachsen und damit zu zahm für die freie Natur war, würde auch er den Rest seines Lebens hier im Zentrum verbringen.

Ich spazierte einen schmalen Pfad hinab zu einem kleinen Bach. Hier standen im hohen Gras die kleineren Käfige für die Gäste des Rehazentrums, die eine Chance auf Entlassung hatten.

Obwohl es mehr nach U-Haft aussah.

Ein rechteckiger, länglicher Bau aus Pressholz. Eine lange Seite war offen und mit einem Gitter geschützt. Darin befanden sich durch Holzwände abgetrennte, je etwa vier Quadratmeter große Zellen.

Nur zwei der sechs Zellen waren belegt.

In einer saß ein großer brauner Adler auf dem Boden.

Und die andere Zelle am Ende des Baues war aus irgendeinem Grund mit einem dicken Vorhang geschützt, sodass man nicht hineinsehen konnte.

Neugierig zog ich den Vorhang ein Stück zur Seite. Gerade wollte ich hineinschauen, schob meine Nase ans Gitter, da …

… FAUCH!!!

Mit einem Satz sprang ich zurück.

Keine zehn Zentimeter vor mir war irgendetwas gefährlich fauchend direkt gegen die Metallstangen gesprungen.

Nach einer Orientierungssekunde erkannte ich den Fauchursprung.

Da saß doch direkt vor meinen Füßen eine Katze, grau-beige-weiß gestreift und nicht größer als eine Hauskatze.

Obwohl das kleine Tier deutlich größer wirkte. Das lag einerseits an dem dicken, aufgeplusterten Fell. Aber hauptsächlich an seiner gefährlich schlechten Laune.

Ich hatte mal Fotos von der sogenannten Grumpy Cat gesehen, einer Hauskatze aus den USA, die aufgrund eines genetischen Defekts einen unfassbar mürrischen Gesichtsausdruck besaß und zum Internetphänomen avancierte.

Die Katze hier vor mir stand dem in nichts nach.

Die Ohren waren rundlich und lagen etwas tiefer als bei Hauskatzen, die Mundwinkel unzufrieden nach unten gezogen, die gelben Augen lagen mies gelaunt schräg. Wenn das Vieh fauchte, waren die scharfen Fangzähne deutlich zu sehen.

»Ah, du hast unseren Manul gefunden.«

Während ich mit dem Mini-Untier beschäftigt war, kam Wildhüter Ljocha gemütlich den Pfad herunterspaziert. Seine rundliche russische Erscheinung gehüllt in Arbeitskleidung; auf dem Kopf mit den rosa Pausbacken saß schief eine Arbeitskappe. Ljocha war siebenunddreißig und der dienstälteste Wildhüter hier. Mit der Hand hielt er ein kleines Murmeltier umschlossen, lebendig.

Von einem Manul hatte ich noch nie gehört.

Aber das fauchende Tier vor mir war einer.

Rückwärts pirschend, zog es sich unter eine kleine Holzbox in der Ecke der Zelle zurück.

Diese Katze lebt in den bergigen Grassteppen Zentralasiens, ist nachtaktiv und verschläft den Tag in Höhlen, Spalten oder Löchern.

Einerseits ist der Manul etwas besser dran als der Schneeleopard, weil er »nur« zu den potenziell gefährdeten Arten gehört, mit noch etwa fünfzigtausend Exemplaren in freier Wildbahn. Andererseits hat er, anders als der Schneeleopard, keine große Lobby, kaum jemand weiß von seiner Existenz. Der Manul hier vor mir hatte für seine fauchige Laune allen Grund.

Bevor er vor zwei Wochen im NABU-Zentrum gelandet war, hatte man ihn in einer Transportkiste durch halb Kirgisistan gefahren.

Die Leidensgeschichte des kleinen Kerls begann, als er in seiner Heimat nahe des Bergsees Songköl, etwa zweihundert Kilometer entfernt, in den Bergen auf einen Jungen und seine Schäferhunde getroffen war. Die Hunde gingen auf ihn los, der Junge fing das verängstigte Tier ein und nahm es mit in sein Dorf. Die Dorfbewohner brachten die seltsame Katze schließlich ins Zoologische Museum der nächsten Stadt. Dessen Leiter fand heraus, dass sie unter Schutz stand. »Lasst sie wieder frei«, ordnete der Museumschef an. Daraufhin setzten die Dorfbewohner das verängstigte, verletzte und ausgehungerte Tier auf der nächsten Wiese aus.

Die Ranger der Gruppa Bars bekamen Wind von der Sache und fuhren in das Dorf. Mithilfe der Bewohner fanden sie den Manul halb tot in der Wildnis und brachten ihn ins NABU-Büro in Bischkek. Nach tierärztlicher Behandlung ging es schließlich ins Rehazentrum am Yssykköl. Hier wurde er nun aufgepäppelt, bis die Wildhüter ihn wieder in sein ursprüngliches Revier bringen konnten.

»In drei Tagen kommt er wieder frei«, sagte Ljocha und steckte das junge Murmeltier durch die Gitterstangen hindurch.

Orientierungslos landete das Futter vor der Holzbox mit dem Manul. Der steckte den haarigen Kopf raus und wollte den Nager offenbar allein mit seinem bösen Gesichtsausdruck erlegen.

Lange passierte nichts.

Schließlich flitzte der Nager durch die Zellenstangen hindurch ins Freie und verschwand im hohen Gras.

»Na, bis dahin musst du das Jagen aber noch lernen«, mahnte Ljocha und marschierte wieder ab.

Auch ich verabschiedete mich vom Manul.

Am Abend folgten Paul und ich Asulbeks Einladung zum eselfreien Abendessen. Er lebte mit den beiden anderen Wildhütern in der einsamen Holzhütte oben auf dem Hügel.

Sie schien einem Traum aus einer längst vergangenen Zeit entsprungen.

Asulbeks Pferd war vor der Hütte angebunden und graste. Ein braun-schwarzer Hund wedelte zur Begrüßung freundlich mit dem Schwanz.

Die Hütte selbst bestand aus dicken Holzbalken und einem spitz zulaufenden Dach aus grauem Wellblech. An der Außenwand hingen Sättel, Besen und ein altes Radio aus Sowjetzeiten.

Asulbek, Ljocha und der dritte Wildhüter, Maksim, saßen vor der Hütte auf einer selbst gezimmerten Holzbank. Von dort hatte man einen wunderbaren Blick auf den Yssykköl und die Berge.

»Ah, da sind ja unsere Eselfreunde«, lachte Asulbek.

»Na, dann kommt mal herein.«

Über eine schiefe Holztreppe gelangte ich zum Eingang der Hütte und musste den Kopf einziehen. Nun stand ich in einem Raum, der Küche und Wohnzimmer zugleich war und keine fünfzehn Quadratmeter fasste. Die Decke war so niedrig, dass ich mich nicht traute, den Kopf zu heben. Zu fünft hier drinnen war eine echte Herausforderung.

»Bitte sehr, setzt euch an den Tisch«, sagte der gemütliche Ljocha.

Am Fenster stand ein flacher Tisch mit noch flacheren Hockern, sodass ich beim Sitzen die Ohren fast zwischen den Knien hatte. Auch Maksim nahm Platz. Er war ein sportlicher junger Russe, mit kantigem Gesicht und militärisch geschnittenen blonden Haaren.

Derweil nahm Asulbek einen delligen Teekessel vom Gasherd und stellte uns Tassen auf den Tisch.

Alles in der Hütte war charmant alt.

Die Blumentapete rollte von den Wänden, die Küche schien aus den Zeiten meiner Uroma, und für Wärme im Winter würde ein schiefer Ofen sorgen. An der Wand hing eine Karte mit den heimischen Tierarten.

Die Wildhüter lebten hier im Schichtwechsel: fünf Tage Dienst, fünf Tage frei.

Alkohol war strengstens verboten. Wir tranken Tee, während Asulbek einen Eintopf aus Kartoffeln, Kohl und Bohnen zubereitete.

Alle drei Männer lebten mit ihren Frauen und Kindern in nahe gelegenen Ortschaften.

»Wir kennen die Berge hier besser als jeder Wilderer«, erklärte Maksim.

Außerdem wisse jeder in der Region, dass sie für den NABU arbeiteten.

»Wenn jemand was über Tiere in Not hört, sagt er es uns.«

Asulbek warf vom Herd ein, dass aber leider auch die Wilderer oft Leute aus der Gegend seien, die sich gut auskennen.

Nach dem Fall der Sowjetunion hätten viele ihre Arbeit verloren. Für ein Schneeleopardenfell bekäme man auf dem Schwarzmarkt bis zu zweitausend US-Dollar, mehr als das Doppelte des durchschnittlichen kirgisischen Jahreslohns. Das sei verlockend. Ein wichtiger Teil ihrer Arbeit sei daher auch der Kontakt mit den Gemeinden und Schulen, um aufzuklären.

»Die Menschen verstehen jetzt, dass es den Schneeleoparden bald nicht mehr geben wird, wenn wir ihn nicht schützen. Für uns Kirgisen ist er ein heiliges Tier«, sagte Asulbek.

Und Maksim warf ein: »Und wer es trotzdem nicht kapiert, den schnappt die Gruppa Bars.«

Anders als die Wildhüter, die fest im Rehazentrum stationiert waren, zogen die Ranger für bis zu zwanzig Tage im Monat durch die Berge. Obwohl nur zu viert, hatte die kirgisische Eliteeinheit seit ihrer Gründung 1999 bereits zweihundertfünfzig Wilderer erwischt. Fünfzehn davon kamen in Haft. Zudem waren die Geldstrafen für Wilderei gerade erst erhöht worden. Für das illegale Töten eines Schneeleoparden wurden 1,5 Millionen Som fällig, umgerechnet neunzehntausend Euro, das Vielfache eines kirgisischen Jahresgehalts. Für Ausländer, die sich im Internet auf Fotos mit illegal geschossenen Tieren zeigten (wie bei Trophäenjägern üblich), verdreifachte sich die Strafe.

Bei Eselfleisch-freiem Eintopf und Gesprächen mit den Wildhütern in der Reha-Hütte wurde klar, dass sie die vier Anti-Wilderer-Ranger verehrten wie Helden.

»Dank ihnen gibt es wieder etwas mehr Schneeleoparden. Die Wilderer haben es schwerer«, meinte Ljocha, der sich aus Platzmangel vor den Eingang der Hütte gelegt hatte, und fügte hinzu: »Das haben wir auch eurer deutschen Katzenfrau aus dem Fernsehen zu verdanken.«

Es klang komisch, war aber so.

Die Katzentherapeutin Birga Dexel, die im Fernsehsender VOX gestressten Spitzohrbesitzern mit ihren Problemkatzen half, hatte das Schneeleoparden-Schutzprogramm für den NABU mit aufgebaut.

In ihrem Buch *Von Samtpfoten und Kratzbürsten* schildert Dexel, dass für die Gruppa Bars ehemalige Geheimdienstler, Militärs und Personenschützer ausgewählt wurden. Sie wurden vom NABU geschult und bezahlt, aber vom kirgisischen Staat mit polizeilichen Vollmachten ausgestattet. Inklusive dem Recht, Schusswaffen einzusetzen.

Dass eine NGO aus Deutschland in Kirgisistan quasi polizeiliche Aufgaben wahrnahm, zeigte die verzweifelte Lage.

Dexel ging sogar persönlich undercover und trat als vermeintliche Käuferin auf einem Markt in Bischkek auf. Das war nicht ohne Risiko.

»Von meiner lokalen Rangereinheit«, schreibt sie, »war ich schon darüber in Kenntnis gesetzt worden, dass man in diesem Geschäft auch vor Mord nicht zurückschreckte.«

Die Aktion war ein Erfolg, am Ende konfiszierten die Ranger drei Schneeleopardenfelle.

Dexel war auch dabei, als die Ranger den ersten lebenden Schneeleoparden retteten.

2001 fanden die Ermittler das Dshamila getaufte junge Weibchen. Blutend und schwer verletzt, hatte es bei illegalen Händlern über Wochen in einer kleinen Holzkiste gelegen. Wie Alcu war sie in eine Fußfalle aus scharfen Eisenzacken gelaufen und hatte eine Vorderpfote verloren. Die junge Leopardin war dem Tod näher als dem Leben.

»Damals gab es unsere Rehastation noch nicht«, erklärte Asulbek.

Also wohin mit einem verletzten Schneeleoparden?

Spezialisierte Veterinäre und artgerechte Unterkünfte waren im armen Kirgisistan nicht zu finden.

Dexel sah nur eine Option: Dshamila musste nach Deutschland ausgeflogen werden.

Doch dafür brauchte es Genehmigungen und Papiere. Leider war es kurz vor Weihnachten, und alle Entscheidungsträger würden bald in den Urlaub verschwinden. Bis in die Nacht hinein telefonierte die Tierschützerin mit Politikern, Beamten und Zoos.

Am Ende klappte alles.

In einer Passagiermaschine von Kyrgyzstan Airlines flog Dshamila nach Hannover. Das Flugzeugpersonal hatte kurzerhand die hintere Sitzreihe entfernt, um Platz für die Transportkiste zu schaffen. Der Pilot drehte die Temperatur in der Kabine runter und bat die Passagiere um Verständnis dafür, dass Schneeleoparden es kühler mögen.

Dshamila erholte sich und fand ihre endgültige Heimat schließlich im Züricher Zoo, wo sie mehrere Junge zur Welt brachte.

Trotz des Happy Ends wurde den Schneeleoparden-Schützern in Kirgisistan klar, dass sie eine eigene Unterbringungsmöglichkeit für die Tiere brauchten.

»Und geboren war unsere Rehastation«, lachte Ljocha.

Seitdem hatten neun Schneeleoparden hier gelebt, von denen noch drei übrig waren.

Ich löffelte meinen eselfreien Eintopf. Draußen ging die Sonne unter, und der Abend tauchte unsere Berge in ein kühles Blau. Bis zu unserem Zelt unten am Gehege war es ein halber Kilometer über Wiesen und den Bach. Selbst mit Taschenlampe war der dürre Trampelpfad nur schwer zu finden.

Außerdem war ich bereits todmüde.

Das Leben hier in den Bergen begann mit dem Sonnenaufgang und endete mit dem Sonnenuntergang. Außer natürlich für den Manul, der nachtaktiv war.

»Tut uns übrigens leid, dass ihr im Zelt schlafen müsst«, entschuldigte sich Maksim zum Abschied. Das Häuschen, das es unten am Gehege für Besucher gab, war für einen wichtigen Gast frei gehalten worden. Ein tschechischer Tierfilmer samt Crew hatte sich angekündigt.

In der kühlen Dämmerung liefen wir den Hang hinunter. Neben dem Zelt stand Esel Freddy, als ob er Gute Nacht sagen wollte. Wer weiß, vielleicht wollte er sich auch bedanken, dass er noch lebte und nicht als Leopardenfutter enden würde.

Nachts wachte ich mehrfach von den Geräuschen der Natur auf. Grillen zirpten im Gras, ab und zu rief ein Vogel, und manchmal raschelte es verdächtig draußen vorm Zelt. Hoffentlich hatte das Leopardengehege kein Loch, dachte ich, bevor ich doch endlich einschlief.

Als ich am nächsten Morgen das Zelt öffnete, hatten wir plötzlich Gesellschaft. Es herrschte richtiger Trubel.

Die Filmcrew war angekommen.

Ein großer schwarzer Jeep parkte auf dem sandigen Platz zwischen unserem Zelt und dem Gästehäuschen. Drei Männer schleppten Kisten mit Ausrüstung hinein, eine junge Frau fotografierte sie dabei, man redete tschechisch.

»Äh, hi«, nahm ich auf Englisch verschlafen Kontakt zu den neuen Mitbewohnern auf.

»Arbeitest du hier? Wann ist die Fütterung? Wo können wir die Kameras aufbauen? Am besten wäre da, da oder da.«

Ein bulliger Tscheche mit sonnenverbrannter Haut, Safarihut und einer Krücke in der Achselhöhle beschoss mich mit Fragen.

»Ähh … nein«, stotterte ich. »Die Wildhüter wohnen da oben in der Hütte. Es geht hier mehr so entspannt zu.«

Genervt wandte sich der Tscheche von mir ab und gab den anderen stattdessen Anweisungen, wo die Kisten mit der Ausrüstung hinsollten.

Paul und ich beobachteten das Schauspiel bei einem harten Marmeladenbrötchen. Wir hatten uns auf der Fahrt hierher mit Proviant für eine Woche eingedeckt.

Die Filmcrew hatte hingegen ganze Kisten mit Essen, Geschirr und sogar eine eigene Köchin dabei; eine ältere kleine Frau mit asiatischen Gesichtszügen. Fleißig baute sie im Freien auf der Wiese ein Tischlein auf, ordnete säuberlich Teller, Tassen und Töpfe an und machte auf dem Boden routiniert ein Lagerfeuer, das als improvisierter Herd diente.

Schon bald lag der Duft von frisch gebrühtem Kaffee in der Luft.

Die Filmcrew setzte sich ans Feuer. Offenbar sahen Paul und ich mit unseren Marmeladenbrötchen am Zelt recht erbärmlich aus. Jedenfalls rief der bullige Tscheche: »Wollt ihr Kaffee?«

Plötzlich war er mir richtig sympathisch.

Wie ich bereits an seinem Alpha-Auftreten vermutet hatte, war der Mann mit dem Safarihut der Regisseur. Ein echter Abenteurer. Doch was hatte es mit der Krücke auf sich?

»Wir kommen gerade aus Kasachstan. Bin vom Pferd gefallen«, erklärte er.

Das war noch untertrieben.

Die Filmcrew hatte gerade zu Pferde Bärenspuren verfolgt, als das Pferd des Regisseurs bockte. Nicht nur fiel er aus dem Sattel. Sondern wurde auch noch im Galopp einige Meter mitgeschleift.

Jetzt humpelte der Vierzigjährige vor Schmerzen stöhnend auf der Krücke umher. Sein Bein war zerschrammt und blau angeschwollen.

»Solltest du nicht ins Krankenhaus?«, fragte ich.

»Quatsch, das ist nur ein Kratzer. Außerdem müssen wir erst noch die Schneeleoparden filmen.«

Ein echter Teufelskerl ließ sich eben von nichts unterkriegen.

Ansonsten waren noch in der Crew: ein mittelalter rundlicher Techniker in schwarzen Klamotten, ein hippes Pärchen Anfang zwanzig, die Köchin und eine junge Frau mit bleicher Haut und ebenfalls asiatischen Gesichtszügen.

Wenn das junge Pärchen nicht gerade knutschte, unterstützte es den Regisseur. Er als Kameraassistent und sie filmte und fotografierte die Crew dabei, wie sie die Tiere filmte. Quasi ein Making-of dieser Tierdoku über Zentralasien, die der Regisseur für einen tschechischen Fernsehsender produzierte.

Dann war da noch die jüngere der beiden Frauen mit den asiatischen Gesichtszügen. Ihr Name war Damira.

Sie übersetzte für die Crew vom Russischen ins Englische und umgekehrt.

Damira und die Köchin kamen aus Kasachstan, das direkt hinter den Bergen lag und wo man wie in Kirgisistan wegen der sowjetischen Vergangenheit oft auch russisch sprach. Die Filmcrew hatte die beiden dort engagiert. Allerdings war Damira keine Kasachin, sondern Tatarin, worauf sie viel Wert legte.

Wie sich beim Lagerfeuergespräch herausstellte, lebte die Tatarin mit den schwarzen glatten Haaren in derselben Stadt, Aqtöbe, in der auch Paul aufgewachsen war, bevor seine deutschstämmige Familie Anfang der Neunzigerjahre nach Deutschland auswanderte.

Während wir noch unseren Morgenkaffee tranken, kamen schließlich die drei Wildhüter den wiesigen Hang herunter. Asulbek auf seinem Pferd, Ljocha und Maksim zu Fuß. Sie schleppten Plastikeimer voller Wasser und Eselfleisch.

»Ah, endlich gehts los.« Der Regisseur stemmte sich auf seiner Krücke aus dem Campingstuhl. Zusammen liefen wir Richtung Gehege.

Die Schneeleoparden rochen das frische Fleisch, tauchten von irgendwoher aus dem hohen Gras auf und streiften in der Nähe unserer Gruppe herum.

Fasziniert vom Erscheinen der Großkatzen, hielten der Regisseur, sein Assistent und die Making-of-Frau ihre Spiegelreflexkameras direkt an die Gitterstäbe.

»Nicht so nah ran. Das sind wilde Tiere«, warnte Maksim.

»Alcu ist ein tatarischer Name«, freute sich die Tatarin. »Er bedeutet Rosenwasser.«

Derweil begann der tschechische Techniker, ein großes Kamerastativ direkt vor dem Gehege aufzubauen.

»Nicht so nah«, wiederholte Asulbek.

Mit einem Mal kam einer der Schneeleoparden ans Gatter, schob die kräftige Pranke durch zwei Stangen hindurch und erwischte fast das Stativ.

Filmcrew, Wildhüter, Paul und ich sprangen einen Meter nach hinten.

»Kalutschka ist nur neugierig«, meinte Maksim. »Vor Alcu und Kunak müsst ihr mehr aufpassen.«

Von nun an herrschte hier etwas mehr Respekt.

Der Regisseur kniete sich trotz seiner Verletzung flink ins Gras und filmte die Fütterung.

»Das Licht ist hier schlecht«, beschwerte er sich.

Außerdem störte ihn das Gehege im Bild, weil man sehe, dass die Tiere in Gefangenschaft lebten.

Zur Fütterung am Nachmittag kletterte die Filmcrew daher auf den Hang, ausgerüstet mit langen Zoomobjektiven. Damit filmten sie nun die Schneeleoparden von schräg oben, und das grüne Gehege blieb aus dem Bild.

Vorher hatte der Regisseur den Wildhütern noch aufgetragen, von wo und wohin sie das Fleisch zu werfen hatten. Wegen des Lichts und so.

Wenn ich einer der Wildhüter gewesen wäre, hätte ich dem Tschechen schon längst erzählt, wohin er sich sein langes Kameraobjektiv stecken konnte. Der Kerl führte sich auf, als existiere das Leo-Rehazentrum nur für ihn.

Doch Asulbek, Ljocha und Maksim blieben wie immer tiefenentspannt.

Sie hätten alles ertragen, solange es nur die Not der Schneeleoparden in die Welt trug.

Am Abend war mir der Regisseur wieder äußerst sympathisch.

Die Kälte der Nacht war in die Berge gekrochen, und Paul und ich saßen mit der Crew am wärmenden Lagerfeuer. Die kasachische Köchin hatte einen Eintopf mit Rind gezaubert, und irgendwann holten die Tschechen eine Flasche Wodka hervor. Anders als für die Wildhüter gab es für uns kein Alkoholverbot.

Fast tat es mir leid, dass die Crew morgen schon wieder abfahren würde.

Auch Paul war traurig. Er und Damira hatten sich in langen Gesprächen über die kasachische Heimat ausgetauscht. In dieser Nacht kamen wir erst spät ins Zelt.

Als ich es am nächsten Morgen öffnete, war der ganze Trubel vorbei.

Die Filmcrew war kurz nach Sonnenaufgang mit dem Jeep abgefahren.

Schade, heute kein heißer Kaffee am Lagerfeuer.

Auch wir bereiteten uns langsam auf die Abreise vor.

Paul ging in die Berge wandern, und ich verbrachte die letzten Stunden am Gehege und hoffte, dass Alcu vorbeikommen würde.

Die Wartezeit überbrückte ich mit einem Buch, das ich dem Anlass entsprechend mitgenommen hatte: *Der Schneeleopard* von Aitmatow. Tschingis Aitmatow (1928 bis 2008) war nicht nur Kirgisistans Nationalschriftsteller, sondern auch Schirmherr des NABU-Projekts gewesen. Sein erstes, 1958 veröffentlichtes Werk hieß *Dshamila*, wie der 2001 gerettete Schneeleopard. Sein letztes war *Der Schneeleopard*. Darin geht es unter anderem um den einst unbezwingbaren Schneeleoparden »Dschaa-Bars« (von Kirgisisch: Pfeil), dessen Kräfte schwinden und der ein Tal zum Sterben sucht. Für Aitmatow war das Schicksal der kirgisischen Großkatze untrennbar mit dem seines Landes verbunden.

Dschaa-Bars, so erzählt man sich, war spurlos verschwunden … Einfach fortgegangen. Und später hieß es sogar, man habe ihn gesehen. Dschaa-Bars ziehe als Schatten durch die Berge.

So endet Aitmatows Buch.

Sollte es das Schicksal aller Schneeleoparden werden?
Würden sie alle bald spurlos verschwunden sein und sich endgültig in Geister der Berge verwandeln?
Es raschelte.
Alcus gepunktetes beigegraues Fell leuchtete im Gras,

den langen buschigen Schwanz zog sie wie eine Schleppe hinter sich her. Der Gang wie immer zwischen geschmeidig und humpelnd.

Dann setzte sie sich an den Zaun und starrte mich schweigend mit ihren weißen Juwelenaugen an. Wie immer wusste ich nie, ob sie mich am liebsten gefressen hätte oder nur neugierig war.

Jedenfalls war ich froh, dass Alcu noch nicht spurlos verschwunden war. Genau wie Kunak und seine Tochter Kalutschka.

Und dann gab es an diesem Nachmittag noch eine richtig gute Nachricht: Der fauchige Manul wurde heute zurück in die Freiheit entlassen. Nicht dass es seine Laune gebessert hätte. Die plüschige Katze schaute genauso mürrisch drein wie immer, versteckte sich verängstigt in ihrer Transportkiste und fauchte jeden an, der sich ihr näherte.

Das Manul-Taxi war ein großer Jeep, der ihn in die Berge am mehrere Stunden entfernten See Songköl bringen würde. Dorthin, wo ihn der Junge mit den Schäferhunden einst gefangen hatte.

Zu diesem Anlass waren allerlei Würdenträger angereist, auch der Direktor des Rehazentrums, Viktor Kulagin, ein studierter Biologe. Unter dem Klicken von Pressekameras luden die Wildhüter die Kiste samt Manul in den Jeep – und dann war er weg.

Wehmütig, aber froh schauten die Wildhüter ihm hinterher.

Auch ich wurde wehmütig. Denn es war Zeit, Abschied zu nehmen. Asulbek musste mir noch mal hoch und heilig versprechen, Esel Freddy zu verschonen und nicht zu Leopardenfutter zu verarbeiten.

Dann bauten Paul und ich unser Zelt ab, schnallten die Rucksäcke um und marschierten den Sandweg Richtung Yssykköl hinunter.

Die Schneeleoparden in ihrem Gehege, Wildhüter Ljocha, Maksim und Asulbek auf seinem Pferd – sie alle wurden immer kleiner; das Land zum See immer flacher; bis sie ganz verschwunden waren.

Die Geister der Berge.

La Gomera (2)

Aufruhr in Alojera

Da stand ich also wieder auf Martins Terrasse mit dem Hammerblick. Der Ausblick war sogar noch schöner als in meiner Erinnerung.

Ich stand fünfhundert Meter über dem tiefblauen Atlantik, auf dem die Wellen an diesem Tag weiße Linien bis zum Horizont zeichneten. Unter mir das Dörfchen Alojera. So mutig zwischen die Berghänge gebaut, dass es kurz davor schien, ins Wasser zu rutschen. Ein scharfer Wind rüttelte an der großen Palme in Martins Garten. Die Eidechsen huschten vor jedem Schritt.

Nach meinen anstrengenden Tiersitterstationen auf der bulgarischen Pferderanch und bei den kirgisischen Schneeleoparden freute ich mich auf zwei Monate auf der kanarischen Paradiesinsel.

Meine tierischen Schützlinge hier kannte ich ja schon: Mini, der ängstlichste Hund der Welt; die stolze Glückskatze Miez mit ihrem rot-schwarz-weißen Fell; die sechs Hühner und der Hahn; und natürlich die schnappenden Kois, die im Fischbecken nach ihrem Keks verlangten.

Auch meine unfreiwilligen tierischen Mitbewohner trieben sich irgendwo auf dem weitläufigen Grundstück herum: Geckos, Eidechsen, angriffslustige Bienen und die Ratten.

Ich will ehrlich sein: Als Martin wieder einen Tiersitter für seine Finca auf La Gomera suchte, war er zunächst etwas zögerlich, mich zu fragen. Grund war mein berüchtigter »verwelkter Daumen«, der seit Studentenzeiten noch jede Zimmerpflanze in die Knie gezwungen hatte.

Bei meinem letzten Einsatz hier hatten zwar die Tiere unbeschadet überlebt. Aber im Garten war das ein oder andere Pflänzchen eingegangen. Und auf seinen auf zwei Terrassen angelegten Garten mit exotischen Pflanzen legte Martin mehr Wert als ein studierter Landschaftsarchitekt.

Doch es half nichts.

Er musste dringend und kurzfristig zu seiner Frau nach Dresden. Auf die Schnelle fand er schlicht niemand anderen, der schon eingearbeitet war, Zeit hatte und zudem das komplizierte Wassersystem Alojeras kannte.

Aber der Hauptgrund war: Ich war inzwischen nicht mehr allein.

Sondern Teil eines Tiersitter-Pärchens.

Und der Daumen meiner besseren Hälfte war so grün, dass er meine florale Unzulänglichkeit mehr als ausglich. Das wusste auch Martin.

Ihr Name war Nena.

Sie war die Tochter eines Bauern aus Alojera. Eine echte Gomera, ihre Familie lebte seit Jahrhunderten hier.

Wenn jemand Martins Garten in Schuss halten konnte, dann sie. Schließlich hatten ihre Vorfahren die steilen Berghänge über dem Atlantik mit Linien von Terrassen überzogen, auf denen sie noch viel mehr verschiedene Pflanzen anbauten als Martin. Nicht zum Verkauf – der Landbesitz war meist auf viele kleine Terrassen verstreut, sodass eine industrielle Bearbeitung nicht möglich war –, sondern für den Eigenbedarf.

Auch Nenas Familie ernährte sich seit Urzeiten vom eigenen Land, und die Tochter hatte von den Eltern seit frühester Kindheit alles gelernt.

Martin war also happy.

Weniger happy war Nenas Familie.

Denn das Dorf, das da unter mir an den Hängen lag, war durch unsere Beziehung in Aufregung versetzt worden. Im Elternhaus, das ich als kleinen weißen Punkt vor dem Atlantik sehen konnte, brodelte es. Der Umstand, dass Nenas roter Hochdachkombi draußen an der Straße immer öfter vor Martins Haus zu sehen war, hatte einen regelrechten Skandal ausgelöst.

Ein Verhältnis einer guten Tochter Alojeras mit einem »Guiri«? (So nannten die Einheimischen alle bleichhäutigen Ausländer, ähnlich dem mexikanischen »Gringo«.)

»Dios mio!« Fast täglich beschwor die neunzigjährige Großmutter die Mutter, dass sie die Tochter doch noch zur Vernunft bringen sollte.

In den drei Dorfbars, wo die Männer sich jeden Tag über alles und jeden bei Wein und Bier das Maul zerrissen, war es das Thema Nummer eins.

Es gab wilde Spekulationen.

Ich sei Martins Sohn, und Nena wolle das wunderschöne Haus erben, vermuteten einige.

Es gehe nur um Sex, meinten andere. Und das unverheiratet! Wenn das der Priester wüsste …

Er wusste es natürlich längst. Auch in Alojera gab es schon WhatsApp-Gruppen.

»Du bringst Schande über die ganze Familie! Du bist noch der Nagel zu meinem Sarg«, zeterte die Mutter. Der Vater ertrug schweigend die Scham.

Doch Nena war keine Frau, die viel auf die Meinung anderer gab.

Und so parkte der rote Kombi weiter vor Martins Haus, bis er schließlich gar nicht mehr wegfuhr.

Kennengelernt hatten wir uns noch während meines ersten Tiersitter-Aufenthalts auf der Insel.

Es war der Tag des Heiligen Isidor.

Jedes Jahr am 15. Mai feierten die Gomeros das Fest des Schutzpatrons der Bauern und der guten Ernte. Vor einer kleinen Kapelle, hoch oben in den Bergen, mitten im Lorbeerwald, hatten sich Hunderte Menschen versammelt. Trommeln, Rasseln und traditionelle Gesänge erklangen wie Gebete, während eine lange Menschenschlange hinter einer bunten Statue von Isidor hinterherlief. Nach der Prozession begann das eigentliche Fest.

Dutzende, meist ältere Paare schwangen nun auf dem Kapellenplatz das Tanzbein, während lebensfrohe Latinoklänge aus großen Lautsprechern dröhnten. Eine für die Insel typische Mischung aus Merengue, Salsa, Cumbia und Bachata.

Die Musik kam live von einer aufgebauten Holzbühne. Ein kleiner Mann mit Halbglatze spielte am Keyboard, ein junger Schönling schmachtete ins Mikrofon. Neben ihm sang eine junge Frau und bewegte sich mit den Armen voran von links nach rechts wellenartig zur Musik.

Das war Nena.

Zu diesem Zeitpunkt kannte ich sie noch nicht.

Ich schaute mir das Spektakel rund um Isidor vom Rand der Tanzfläche an und nippte an meiner Brause, die ich eben an der Bude gekauft hatte.

Hund Mini wartete zu Hause, denn natürlich fürchtete sie sich vor großen Menschenmengen. Dafür war ich in Begleitung von Paolo und Angelika, einem Pärchen in den Fünfzigern, er Maler aus Italien und sie Lehrerin aus der Schweiz. Martin hatte mir die beiden vor seiner Abreise vorgestellt. Denn auch Paolo und Angelika hatten bereits seine Finca gehütet. Als der alte Sitter die Neue einarbeiten sollte, verliebten sie sich. Das war vor fünf Jahren. Heute wohnten die beiden gemeinsam in einer kleinen Mietwohnung in der Nähe vom Strand in Alojera. La Gomera ließ sie nicht mehr los.

In gewisser Weise waren sie typisch für eine ursprünglich aus Kontinentaleuropa stammende Spezies, die man oft auf La Gomera fand: die Aussteiger. Die subtropische Insel am Rand von Afrika war ihr Zufluchtsort geworden. Sie wollten ihr Leben nicht mehr strikten Arbeitszeiten unterwerfen, von Löhnen abhängig sein oder im Lärm und Schmutz der Städte leben. Auf La Gomera waren sie weit weg davon. Selbst den kalten europäischen Winter musste man nicht mehr ertragen.

Ist ja schön und gut, wenn man sich das leisten kann. Aber wie finanzieren die das?

Das hatte ich mich gefragt, als ich mit Paolo und Angelika beim Sonnenuntergang über dem Meer zum ersten Mal auf ihrer Terrasse Wein trank.

Eine Antwort war: Die beiden brauchten nur ein paar Hundert Euro im Monat. Die Miete war günstig und das Leben auch, wenn man sich auf das Nötigste beschränkte. Und was brauchten sie schon außer Sonne, Meer, Essen, Trinken und etwas Wein.

Angelika, die mit ihren blonden Haaren und der gebräunten Haut jung für ihr Alter aussah, war in der Schweiz Grundschullehrerin gewesen. Sie hatte genug angespart, um die Zeit bis zur Rente zu überbrücken, und ging früh in den Vorruhestand.

Paolo hatte wilde Augen, lockiges braungraues Haar und immer ein Lachen im Gesicht. In einem früheren Leben war er Manager in großen US-Tech-Unternehmen gewesen. Doch trotz des dicken Gehalts, Business-Class-Flügen rund um die Welt und schicker Luxuswohnungen in Seattle, London und Amsterdam fühlte er sich irgendwann leer. War da noch mehr im Leben außer Meetings und Konsum?

Obwohl ihn seine Manager-Kollegen für verrückt hielten, wollte Paolo frei sein, kündigte seinen Job, verkaufte seinen ganzen Besitz und begann, fast ohne Geld, als

Housesitter um die Welt zu reisen. Shorts und Shirt statt
Maßanzüge. Bis er vor sechs Jahren auf La Gomera landete und blieb.

Heute malte er. Landschaften, Menschen und Träume –
inspiriert von der »magischen Insel«, mit der er eine tiefe
Verbindung spürte. Jeden Tag saß er in der Garage unter
seiner Wohnung, die er in sein Atelier verwandelt hatte.
Manchmal brachte der Verkauf von Gemälden über
eine Galerie etwas Geld ein. Viel öfter aber malte er Por-
träts von und für die Bewohner von Alojera, nicht selten
im Tausch für Obst und Gemüse.

So kannte der kontaktfreudige Paolo beinahe jeden
hier.

Auch Nena und ihre Familie.

»Ich muss dir ein tolles Mädchen vorstellen. Eine Sängerin. Ihr würdet euch gut verstehen«, hatte er bei unserem ersten Treffen gesagt. Ihr Haus lag nur einen Stein-
wurf von seinem entfernt.

Vielleicht glaubte Paolo, dass ich mich langweilte, dort
oben allein in Martins Finca. Dass ich etwa gleichaltrige
Freunde gebrauchen könnte. Die Sängerin war mit ihren
achtundzwanzig Jahren fünf Jahre jünger als ich und sei
eine interessante Persönlichkeit, schwärmte er.

Jedenfalls bestand er darauf, dass ich ihn und Angelika
zur großen Fiesta des Heiligen Isidor begleite.

»Dort erlebst du das echte La Gomera!«

Und dort würde sie singen.

Deshalb stand ich also an jenem Nachmittag an der Kapelle im Lorbeerwald am Rand der Tanzfläche und beobachtete Nena am Mikrofon.

Ihr Haar war lang, offen und wellig, oben brünett und nach unten immer blonder, ausgebleicht von der Sonne. Sie trug blaue Jeans, eine schlichte Bluse und kein Make-up.

Während unten auf dem Platz die Gomeros der älteren Jahrgänge paarweise tanzten, warf die junge Frau auf der Bühne den athletischen Körper gekonnt in den Rhythmus und sang mit heller Stimme ein fröhliches Lied, das übersetzt etwa so ging:

Wenn die Nacht über den Dschungel kommt, treffen sich die Tiere zum Feiern. Unter dem Mondlicht findet jeder seinen Partner. Oh, seht, wie die Giraffe tanzt! Wie die Schildkröte tanzt! Wie der Gorilla tanzt! Wie das Krokodil tanzt!

Unnötig zu sagen, dass sie mir bei all den Tieren sofort sympathisch war.

Ich lauschte der Musik, bis die Vorstellung vorüber war.

Paolo und Angelika gingen mit mir im Schlepptau neben die Bühne, wo Nena nun in einer Gruppe von kleinen Menschen stand, die alle blitzschnell auf Spanisch plauderten.

Der Italiener begrüßte alle überschwänglich, als wäre jeder hier ein alter Bekannter.

Viel verstand ich nicht. Meine Spanischkenntnisse

reichten leider nicht über Tapas, Burrito und Paella hinaus.

»Do you want Tortilla?«

Die Sängerin hielt mir lustlos eine offene Tupperdose hin. Sie sprach englisch; das war schon mal gut. Darin lag ein gelblicher Kuchen aus Kartoffeln und Ei. Weil ich den Gomeros nicht ihr Essen wegfuttern wollte, sagte ich lächelnd: »No, but thanks.«

Daraufhin funkelten ihre grünbraunen Augen, die scharfen Gesichtszüge versteinerten, und sie zog beleidigt die Dose zurück. »Wie du willst, dann eben nicht.«

Oha, kein guter Start.

»Bist du auf Facebook?«, fragte ich, mit dem Hintergedanken, vielleicht später noch mal Kontakt aufzunehmen.

»Ich benutz kein Facebook«, fauchte sie zurück.

Paolo lockerte die Situation mit Small Talk auf und erklärte, dass ich der neueste Tiersitter von Martin sei.

Und ich erfuhr, dass ich inmitten eines Familienclans stand. Da waren die Mutter der Sängerin, der Vater, Tante, Onkel, Cousin und Cousine.

Plötzlich verabschiedeten sich Paolo und Angelika.

»Wir gehen zur Quelle«, sagte der Maler.

Abschiedslos ging ich mit, die Sängerin würdigte mich keines Blickes mehr.

Fünf Minuten später stand ich tiefer im Lorbeerwald. Verwinkelte, mit grünem Moos überzogene Bäume bildeten ein Dach, verwelktes Laub einen Teppich. Aus einer Mauer aus Naturstein plätscherte klares Wasser aus sieben hohlen Ästen in ein verwittertes Becken.

»Das ist die magische Quelle von Epina«, flüsterte Paolo geheimnisvoll.

Demnach würde das Wasser Liebeswünsche erfüllen. Frauen sollten dazu von links nach rechts aus der zweiten, vierten und sechsten Holzröhre trinken. Männer hingegen aus den ungeraden Leitungen.

Außer der siebenten, denn die gehörte den Waldhexen.

Dann, so die Legende, würde innerhalb der nächsten sechs Monate die große Liebe ins Leben platzen.

Aberglaube hin oder her: Wer hätte es nicht versucht? Dämlicher als Dating-Apps war das auch nicht.

Ich trank.

Zurück in Martins Haus kroch Mini fröhlich aus ihrem Loch hinterm Hühnerstall. Immer wenn sie alleine im Haus war, war das ihr Versteck.

»Hallo, Mini, hast du Hunger?«

Wie jeden Tag kochte ich den Brei aus Fleisch und Reis, den Martin eingefroren hatte, und fütterte Hund und Katz.

Als die beiden satt und faul auf dem Sofa lagen, las ich in einem der Romane aus Martins Sammlung und schlief ein.

In den nächsten Tagen kehrte ich in meinen Alltag

aus Füttern, Gartengießen und Hängematte zurück. Ich hatte den Heiligen Isidor und die magische Quelle schon beinahe wieder vergessen, als plötzlich eine SMS in mein Telefon platzte.

Sie stammte von einem unbekannten Absender.

»Hi, hier ist Nena, die ›Sängerin‹. Paolo hat gesagt, du kennst die Insel noch nicht. Wenn du willst, kann ich dir was zeigen.«

So lernten wir uns kennen.

Vielleicht war es ja wirklich die magische Quelle von Epina, die Nena und mich zusammenbrachte.

Die Wahrheit war aber auch: Auf La Gomera, das sowieso nur gut zwanzigtausend Einwohner hatte, lebten nicht besonders viele junge Menschen. Während die Touristenzahlen über die Jahre gestiegen waren, wanderte die junge Bevölkerung ab – meist nach Teneriffa oder aufs spanische Festland, wo es bessere Ausbildungsstätten und Jobmöglichkeiten gab.

Im Prinzip herrschte auf der Insel genau das Gegenteil des großstädtischen Überangebots an Sexualpartnern. Ungefähr so, als ob bei einer Dating-App jeder zweite Vorschlag ein Cousin oder eine Cousine wäre.

Wie dem auch sei: In den nächsten Wochen unternahmen wir viel miteinander. Machten Ausflüge rund um die Küste, in vergessene Bergdörfer und campten am Strand.

Bei unserem ersten Date fuhren wir zusammen Wale beobachten, mit einem Touristenboot aus Valle Gran Rey.

Sie hatte es schon immer mal machen wollen, doch es war traditionell eine teure Aktivität für Guiris. Während ich mich über die Delfine freute, die mitten auf dem Atlantik wellenförmig neben unserem Boot herumsprangen, lag Nena seekrank in der Kajüte und bekam von alledem fast nichts mit.

Das war wohl nichts.

Doch wir trafen uns erneut.

Mich faszinierten ihre Geschichten über die Orte La Gomeras, voller seltsamer Legenden, Sagen und Grausamkeiten.

Alojera, mit seinen Palmen, weißen Häuschen an mäandernden Bergstraßen und dem blauen Atlantik, mochte auf mich friedlich und idyllisch wirken. Doch in Nenas Geschichten war es ein Ort voller Blutfehden und Intrigen. Ganze Familienzweige waren verfeindet.

Ihr Vater zum Beispiel hatte einen Mordversuch seines wahnsinnigen Bruders überstanden. In der Dorfbar hatte der ein Messer gezückt und musste von mehreren Männern zurückgehalten werden. Nenas Großvater ging aus Angst vor dem Sohn nie ohne einen stabilen Stock zur Verteidigung aus dem Haus, und die Oma schloss den Suppentopf immer im Schrank ein, um nicht vergiftet zu werden. Als Nenas Vater von einer Palme fiel und sich mehrere Knochen brach, geriet sofort der Bruder in Verdacht, die Leiter angesägt zu haben.

Der Grund für den Zwist lag so lange zurück, dass kaum noch einer wusste, weswegen er überhaupt entstanden war. Erst nach langer Krankheit, kurz vor seinem Tod, bat der Onkel Nenas Vater um Vergebung für zahlreiche Schandtaten.

Nenas Großvater mütterlicherseits starb unter mysteriösen Umständen. Man fand ihn tot unter Palmen im Straßengraben. Noch in derselben Nacht bekam seine Frau Besuch von Männern aus dem Dorf. Sie rieten ihr, nicht zur Polizei zu gehen, wenn sie ihre Witwenrente empfangen wolle.

Doch die Polizei hätte sie sowieso nicht gerufen.

Egal wie grausam es in Alojera zuging, man regelte die Angelegenheiten unter sich.

Notfalls mit Magie. Dass La Gomera die »magische Insel« hieß, lag nicht nur an der bezaubernden Landschaft.

Eine Dorfbewohnerin, berichtete Nena, habe einmal vor Gericht ausgesagt, ein Zauberer sei in einem kleinen Boot aus Teneriffa gekommen und habe sie vergewaltigt.

Ein anderes Mal fand eine Tante ihre Hausfassade beschmiert mit Hühnerblut. Ein alter Zauber, um Unheil über die Familie zu bringen.

Und als Nenas Eltern gerade ihr Haus bauten, entdeckten sie einen seltsamen Klumpen im Fundament. Die Großmutter wusste, was es war: eine Mischung aus Lehm von einer Straßenkreuzung und vom Friedhof. Auch damit wollte jemand Schaden anrichten.

Nenas mütterliche Linie war voller Hexen. Die erkannte man früher daran, dass sie als Ungeborene im Mutterbauch weinten. So wie Nena.

»Aber heute gibt es keine echten Hexen mehr«, versicherte sie. Die seien mit dem Zeitalter der Elektrizität verschwunden.

Das hinderte ihre neunzigjährige Großmutter aber nicht daran, zu Hause Schutzzauber gegen böse Blicke und Krankheiten auszusprechen.

Nena selbst erschien mir wie eine Figur aus einem Roman.

Die kleine athletische Frau mit der goldbraunen Haut war an den steinigen Stränden der Insel aufgewachsen. Barfuß und halb nackt hüpfte sie auf den steinigen Felsen zwischen den Wellen umher. Selbst auf die scharfkantigsten Klippen folgte ihr auf Schritt und Tritt ein fuchsähnlicher Mischlingshund mit weißem Fell und schwarzer Augenmaske. Wenn sie kopfüber in die Fluten sprang, winselte er so lange, bis sie wieder rauskam.

Zu Hause hatte ihre Familie immer mehrere Hunde und Katzen gehabt, meistens zugelaufene Tiere. Als kleines Mädchen war Nena jeden Morgen eine halbe Stunde bis zur Dorfschule gelaufen – in Begleitung eines großen schwarzen Hundes; einem kanarischen Bardino, der sie vor frechen Schulkameraden beschützte und im Dorfladen Brot klaute.

Besonders schwärmte sie von Capitan, einem Mastiff-Schäferhund-Mischling, den man mit einer Einkaufsliste und Geld in denselben Laden schicken konnte und der mit einer vollen Einkaufstüte im Maul zurückkam.

All diese Tiere lebten in ihren Geschichten weiter. Als letzter Ruheort der Kuschelviecher diente ein steiler Hang hinter ihrem Elternhaus mit einem atemberaubenden Blick auf die Klippen und den Ozean.

Nena war tierlieb bis zur Selbstaufgabe, Vegetarierin und auch in jeder anderen Hinsicht kompromisslos. Karriere und Selbstverwirklichung hielt sie für Wahnvorstellungen der kapitalistischen Industriegesellschaft und die meisten Westler, vor allem aber Städter, für Sklaven eines konsumgeilen Systems.

Dass Milliarden Menschen in virtuellen Netzwerken wie Facebook verblödeten, war für Nena ein deutliches Zeichen dafür, dass das Ende der Welt bevorstand. Solange sie noch konnte, wollte sie mit ihren Hunden die Sonne La Gomeras genießen und vom Land ihrer Vorfahren leben.

Ihre Fuchshündin war so ziemlich das Gegenteil von meiner schreckhaften Mini. Siria kannte keine Angst und kläffte alles an, was ihr in den Weg kam. Inklusive Touristen.

Während Mini und ich feige vor der Ratte in Martins Küche davongelaufen waren, ging Siria aktiv auf die Jagd. Der Hund habe, berichtete Nena, bei ihrer Oma schon Dutzende Ratten erlegt.

Eines Abends saßen wir beim Sonnenuntergang auf der Terrasse und diskutierten über die langschwänzigen Nager.

Nena bestand darauf, Mitleid mit ihnen zu haben.

»Wenn sie nur kurz was fressen wollen, lass sie doch. Die haben Hunger wie du und ich.«

Mir schauderte es bei dem Gedanken an Ratten im Besteckkasten. Außerdem kackten die Viecher im Küchenschrank zwischen Teller und Töpfe. Was wollten Ratten überhaupt bei uns?

Klar war, dass sie die Welt erobert hatten. Außer am Nord- und Südpol gibt es die Allesfresser überall – auch dank des Menschen, von dessen Müll sie sich ernähren. Sie waren übrigens ein Hauptgrund, warum er anfing, Katzen zu halten. Leider hatte Glückskatze Miez keinen Auftrag zum Rattenfang erhalten. Als Mini und ich im Angesicht der Ratte fast vor Schreck gestorben wären, hatte sie seelenruhig im Korridor gesessen und das Schauspiel beobachtet, als ginge sie das alles gar nichts an.

Ich war daher froh, dass Siria die moralischen Bedenken ihres Frauchens nicht teilte. Schnüffelnd kroch die Fuchshündin begeistert in jeden Schrank und streifte zwischen Tellern und Töpfen umher. Hatte sie den Duft einer Ratte aufgenommen, stieß sie ein ohrenbetäubendes Fiepen an der Obergrenze des hörbaren Frequenzbereichs aus. Anders als Minis Schreck-Quieken vermuten ließ, schien Siria vor Jagdbegeisterung zu jauchzen.

Immer wenn das passierte, schluckte ich. Denn es bedeutete, dass sich irgendwo gerade eine Ratte versteckte. Vielleicht genau in dem Topf im Küchenschrank, in dem ich eigentlich Pasta kochen wollte.

»Such, Siria!«, rief ich, woraufhin der Hund auf einer Seite in den Schrank schoss. Auf der anderen Seite schoss meistens eine Ratte heraus und floh Richtung Terrassentür. Sie waren immer schneller als der Hund, was Nena sehr freute.

Unnötig zu sagen, dass Mini und ich das Schauspiel aus sicherer Entfernung vom Wohnzimmer aus betrachteten. Wenigstens blieb Martins Finca nun rattenfrei.

Leider freute Sirias Anwesenheit nicht jeden hier.

Neben den Ratten litten vor allem die Geckos. Zwar hingen sie hoch oben außerhalb der Reichweite des kleinen Hundes. Das hinderte Siria aber nicht daran, laut winselnd an den Wänden hochzuhüpfen. Erst ein noch lauteres Einschreiten von Nena – »DU VERDAMMTE IDIOTIN, LASS DIE GECKOS IN RUHE!« – konnte das Treiben beenden.

Und auch die Glückskatze war nicht glücklich.

Miez hatte gerade noch Mini in ihrem Revier geduldet. Als Siria zum ersten Mal durch die Gartentür spazierte, war die dreifarbige Katze wie ein Flitzebogen vom Sofa in den Garten verschwunden und tauchte für mehrere Tage nicht mehr auf.

Wenigstens die Hühner und die Kois blieben entspannt.

Weniger entspannt war Martin, nachdem ich ihm gestehen musste, dass Miez vermisst wurde. Fremde Hunde durften aus genau dem Grund eigentlich nicht ins Haus.

Doch Nena hatte insistiert: »Nicht ohne meine Siria!«

Und sie war nun ihrerseits beleidigt, dass Martin beleidigt war.

In einer stolzen Familie aus einem stolzen Dorf war Nena die Stolzeste.

Obwohl sie im selben Haus lebten, hatte sie mit ihrem Vater wegen eines lange zurückliegenden Streits seit Jahren kaum ein Wort gewechselt. Und als ihr im Teenageralter von ihrer Mutter ein Ultimatum gestellt wurde (»Tust du XY, dann bist du nicht mehr meine Tochter« – Natürlich tat sie dann XY), redete sie diese nur noch mit dem Vornamen statt mit Mama an. Trotzdem glaubte Nena, dass sich im Grunde ihres Herzens alle lieb hatten.

Sie war vor vier Jahren aus Teneriffa ins Elternhaus zurückgekehrt, um die kranke Mutter zu pflegen. Seitdem sang sie ab und zu auf Fiestas und gab Nachhilfe für Kinder aus dem Dorf.

Ich hielt mich da raus.

Denn mir widerstrebte es, mich mit einer Frau anzulegen, die einer Linie von Hexen entstammte und die mir beim morgendlichen Kaffee erzählte, dass einige Frauen ihren Männern etwas Menstruationsblut in den Kaffee mischten, um sie gefügig zu machen.

Zum Glück tauchte die Glückskatze irgendwann wieder auf.

Und als Martin sah, dass Nena nicht nur seinen Garten zum Erblühen, sondern auch noch seine Finca tiefengereinigt hatte, war alles vergeben.

Auch Nenas Familie entspannte sich.

Nach dem anfänglichen Skandal in Alojera gewöhnten sich die Dorfbewohner daran, dass das rote Auto vor Martins Finca parkte.

Schließlich stellte mich Nena sogar der Familie vor, und ich saß immer öfter am Mittagstisch. Der stand zwischen rustikalen Möbeln, unter Gemälden von Paolo und neben einer Statue der Jungfrau Maria, die im Dorf von Haus zu Haus gegeben wurde. Nenas Vater, ein vollbärtiger Obst- und Gemüsebauer mit kräftigen Händen, der jeden Morgen vor Sonnenaufgang auf seine Felder ging, brachte frische Kartoffeln, Bananen, Mangos und einmal sogar einen gefangenen kleinen Tintenfisch vom Strand. Am Ende zeigte er mir stolz seine Sammlung langer gomereanischer Sprungstäbe aus Holz, die die Gomeros seit Urzeiten zum Überwinden von Schluchten einsetzten.

Nach zwei Monaten war klar: Das Wasser aus der magischen Quelle von Epina hatte gewirkt. Oder das Blut im Kaffee. Oder ein Zauber von Nenas Oma.

Jedenfalls waren wir in einer festen Beziehung.

Das warf nur ein kleines Problem auf.

Wie sollte es weitergehen?

Wie schon Christoph Kolumbus, der eigentlich nach Indien weitersegeln wollte – und auf Amerika traf –, ließ auch mich La Gomera nicht mehr los. Eine schöne Frau hatte mich verhext.

Doch ich war mitten auf meiner Reise um die Welt als Tiersitter. Und selbst wenn nicht. Was sollte ich hier auf La Gomera tun? In wenigen Tagen würde Martin zurückkommen, und dann hatte ich nicht mal ein Dach über dem Kopf.

Fragen über Fragen.

Da erinnerte ich mich an jemanden, die ebenfalls ständig schwierige Entscheidungen treffen musste. Zwar nicht ganz so wichtig wie meine, aber immerhin von einiger Bedeutung für Deutschland und Europa. Keine Hexe, aber eine Illusionistin der Machtpolitik und immerhin die nach Kolumbus zweite prominente Besucherin La Gomeras.

Genau: Angela Merkel.

Die deutsche Kanzlerin residierte ja stets auf den Klippen der sonnigen Südküste im Hotel Jardín Tecina. In der Hoffnung, dass mir dieser bedeutungsschwangere Ort bei der Entscheidungsfindung helfen würde, lud ich Nena dorthin auf ein romantisches Wochenende ein.

Zudem hatte das noch einen zweiten Vorteil:

Sicher, so mein Kalkül, wäre ihre Familie beeindruckt und mir wohlgesonnen, wenn ich ihre Tochter hierhin ausführen würde. Nach dem Skandal um unsere Beziehung in Alojera konnte das nur hilfreich sein.

Und so saßen wir bald am großen Pool unter den Palmen des botanischen Hotelgartens, der sogar Martins Terrassen in den Schatten stellte, redeten über die Zukunft und trafen jene Entscheidung, die unser beider Leben für immer verändern würde.

»Wirst du auf mich warten?«, begann ich traurig. »Ich komme ganz sicher zurück. Ich muss nur noch kurz auf vier Kontinente, Tiere sitten, ein paar Monate, maximal ein Jahr.«

»Warten?«, patzte Nena und fügte entschlossen hinzu: »Ich komme mit.«

Gesagt, getan.

Bald sagten wir Martins Finca, Angsthund Mini und der launischen Miez Lebewohl. Mit Tränen in den Augen ließ Nena ihre Fuchshündin Siria bei den Eltern zurück und bestieg mit mir die Fähre in die Außenwelt.

Unser erster Einsatz als Tiersitterpaar klang für meine kanarische Freundin äußerst und für mich eher so semi-exotisch. Statt Palmen und subtropischem Wetter warteten Ahornbäume und kühle Nordwinde.

Auf der Website Mindmyhouse hatte ich eine Bilderbuchfamilie in einem schicken Vorort bei Montreal gefunden, die zuverlässige Aufpasser für ihren Sechzig-Kilo-Hund suchten. Der hätte wahrscheinlich Mini, Siria, die Glückskatze sowie alle Hühner und Kois in ein paar Happen verspeisen können. Doch ich fühlte mich sofort qualifiziert.

Schließlich hatte ich schon auf der bulgarischen Pferderanch mit übergroßen Kalbshunden zu tun gehabt. Und Nena war zwar klein, hätte es mit ihrer kämpferischen Persönlichkeit aber locker sogar mit Nashörnern aufnehmen können.

Während der Bewerbung bei der Bilderbuchfamilie hatte ich sofort einen gewaltigen Unterschied zum absagenlastigen Solo-Tiersitterdasein gemerkt: Als Paar war eine Zusage deutlich wahrscheinlicher. Offenbar glaubten die Leute, dass man sich zu zweit besser um Haus und Tiere kümmern konnte als alleine.

Es konnte also losgehen, jetzt hieß es: Kanada, wir kommen!

Kanada

Chester und der Clan des Bären

»Kissi Kissi«, hörte ich, während die schöne Kreatur mir auf die Schulter kackte.

»Chester Chester.«

Krächz. Fiedel. Piep.

Und jeden Tag. Wieder und wieder.

Die Kreatur hieß Wasabi, hatte kleine Knopfaugen, ein leuchtend grün-gelbes Gefieder und war ein Wellensittich. Er redete den ganzen Tag.

Von früh bis spät wiederholte er seinen eigenen Namen und die seiner Mitbewohner oder forderte zum Küssen auf.

Wasabi lebte in einem Käfig, der in einer Küche in einem Vorort von Montreal stand. Das zweistöckige Haus war nicht groß und nicht klein, die Fassade dunkelgrün mit großen weißen Fenstern, die aussahen wie viereckige Augen. Es stand hinter einem frisch gemähten Rasen, zwischen lauter anderen frisch gemähten Rasen und Holzhäusern an einer gepflegten Straße. Die Nachbarn waren freundlich, die Luft sauber, die Gärten vorbildlich.

Kurz: Hier war die Welt noch in Ordnung.

Nena und ich waren an unserer ersten gemeinsamen Tiersitterstation angekommen.

Und zu unseren Schützlingen gehörte auch Wasabi.

Wellensittiche sind die weltweit beliebteste geflügelte Haustierart. Sie gelten als Clowns der Lüfte.

Auch ich hatte als Kind einen, der exakt wie Wasabi aussah. Vielleicht war der deshalb sofort auf meine Schulter geflogen und knabberte mir seitdem – wenn er nicht gerade kackte – am Ohr herum.

Ursprünglich stammen Wellensittiche aus Australien, wo sie in großen Schwärmen durch die Buschlandschaft fliegen. Als europäische Siedler den Kontinent eroberten, blieb ihnen auch der farbenfrohe Papagei nicht verborgen.

Über den Seeweg wurden zunächst tote Sittiche in die nach Neuem dürstende Heimat geschickt. Der erste lebende Wellensittich erreichte England im Jahr 1840 auf einem Schiff – und sorgte für große Aufregung. Die High Society verlangte schnell nach mehr bunten Vögeln, die ihre Herrenhäuser verschönern sollten.

Daraufhin setzte in Australien eine regelrechte Hatz auf Wellensittiche ein.

Zu Tausenden wurden sie eingefangen; mit Netzen, Fallen und sogar Klebepapier. In finsteren Holzkisten auf Schiffen ging es anschließend nach Europa, wo hohe Preise bezahlt wurden. Die meisten Vögel überlebten die mehrwöchige Überfahrt nicht.

Alle Zuchtversuche scheiterten zunächst, weil die Europäer es wie bei heimischen Vögeln mit offenen Nestern versuchten. Nicht ahnend, dass der Wellensittich Nistkästen benötigte.

Die Jagd nahm derartige Ausmaße an, dass Australien einen Ausfuhrstopp verhängte, damit die sittichgeilen Europäer nicht den ganzen Bestand vernichteten.

Inzwischen war es aber der Gräfin von Schwerin gelungen, bei sich in Mecklenburg Wellensittich-Nachwuchs zu züchten; in einer ausgehöhlten Kokosnuss. Bald entstanden in Europa und den USA große Züchtungen. Die Preise sanken, und der kleine Papagei trat seinen Siegesflug in die Stuben der Welt an.

»Wasabi Wasabi«, krächzte Wasabi und sprang von meiner Schulter auf den Rand meiner Kaffeetasse.

Dass er so viel redete, war eigentlich kein gutes Zeichen.

Denn das machen vor allem einsame Tiere, Wellensittiche sind sehr sozial. Experten empfehlen, wenigstens zwei oder mehr Vögel zu halten. Abgeraten wird hingegen die Wohngemeinschaft mit Katzen und Hunden. Die können den kleinen Kerl vorsätzlich oder fahrlässig nämlich schnell mal schnabeltot machen, und zwar für immer.

Pech für Wasabi: Statt eines Artgenossen lebten hier gleich zwei Katzen.

»Chi Chi«, posaunte Wasabi und dann den Namen des anderen Spitzohrs: »Lola Lola«.

Und dann war da natürlich noch: »Chester Chester«.

Das vierbeinige Massezentrum dieses Hauses.

Er wog etwa das Zweitausendfache des dreißig Gramm

leichten Wellensittichs. Er wog sogar mehr als Nena. Nämlich gut sechzig Kilogramm.

Chester war ein Leonberger-Mischling.

Ein gewaltiger löwenbrauner Hund, der mir bis zum Bauchnabel reichte. Schwere Knochen, schwere Muskeln, schweres Alles. Wenn er wollte, könnte er mich im Zweikampf niederringen und verspeisen.

Doch zum Glück war er sanft wie ein Lamm. Typisch Leonberger.

Die Rasse ist nach einer Stadt in Baden-Württemberg in der Nähe von Stuttgart benannt. Ein Stadtrat züchtete den Hund Mitte des neunzehnten Jahrhunderts, um den Löwen auf dem Stadtwappen zu imitieren. In den Mix warf er große, schwere Berghunde: Bernhardiner, Neufundländer und den Pyrenäenberghund. Der neue Löwenhund avancierte zum Verkaufsschlager und wurde bald von anderen Züchtern kopiert.

Laut diversen Fachbüchern für Hunderassen war der Leonberger nie als Arbeitshund gedacht, sondern als Freund und Begleiter für den Menschen. Er wird als sanftmütig, ausgeglichen und familienfreundlich beschrieben.

Chester war zwar kein reinrassiger Leonberger (sein Fell war deutlich kürzer), aber die genannten Eigenschaften trafen auch auf ihn zu. Mit offenem Maul und hechelnder Zunge saß er vor dem Sofa und legte mir freundschaftlich eine Pfote aufs Knie.

»Das Züchten von Hunderassen ist doch bescheuert«, meinte Nena und kraulte Chesters spitze Ohren. Seine dunklen Augen und die schwarze Schnauze im hellbraunen Fell sahen aus wie eine Maske.

Nena fand, dass es bei so vielen Hunden auf Straßen und aus Tierheimen, die alle ein Zuhause brauchten, unverantwortlich sei, viel Geld für extra gezüchtete reinrassige Pudel, Jack Russell Terrier oder Leonberger auszugeben.

Das hatten sich auch unsere Gastgeber gedacht. Eine echte kanadische Familie, die White-Penetiers. Als Mutter Marie vor fünf Jahren mit ihren beiden kleinen Kindern ins Tierheim ging, um einen Welpen abzuholen, hätte sie nie gedacht, mal mit einem Riesenkalb im Haus zu enden.

»Er war so süß und klein, und man sagte mir, er wird so etwa mittelgroß«, hatte uns Marie kurz nach der Ankunft berichtet und dabei die Hände etwa einen halben Meter auseinandergehalten.

Doch Chester wuchs. Und wuchs. Und wuchs.

Nena und ich waren die ersten Haussitter, die je auf ihn aufpassen würden. Marie war höchst besorgt, dass er uns umrempeln, anknurren oder auffressen könnte.

Doch Nena war noch keine drei Sekunden im Haus gewesen, da hatte sie schon vor ihm gekniet und ihm den Kopf getätschelt. Chester wedelte nur mit dem Schwanz, schnüffelte kurz an ihrer und meiner Hand, und schon hatte er uns als neue Mitbewohner akzeptiert.

Maries besorgter Blick wich aufatmender Erleichterung.

Ihr Hund würde die Haussitter nicht verspeisen.

Der Urlaub nach England konnte wie geplant starten. Denn darum waren Nena und ich hier. Wir sollten drei Wochen lang auf das charmante Haus der White-Penetiers aufpassen und uns um ihre Haustiere kümmern.

Die White-Penetiers waren nicht nur eine junge kanadische Bilderbuchfamilie. Sondern sie verkörperten ein Mittelschichtideal der westlichen Zivilisation.

Marie, Nachfahrin französischer Einwanderer, war nicht nur Mutter, sondern Professorin für Genderstudies an der Universität von Montreal. Täglich ging die blonde Frau mit den blauen Augen früh joggen und achtete für sich und ihre Familie auf gesunde Ernährung.

Ihr Mann Scott, sportlich und gut aussehend, mehr Softie als Alphamann, arbeitete im IT-Bereich, stammte aus England und war wegen seiner Frau nach Kanada gezogen.

Die beiden Vierzigjährigen aßen Bio, vereinten Familie und Karriere, lehnten Gewalt, Unterdrückung und Diskriminierung ab und setzten sich für die Umwelt ein, sei es als Konsumenten oder Aktivisten.

Ihre beiden Kinder waren Tochter Sam, vierzehn, und Sohn Jamie, zwölf.

Das waren die White-Penetiers.

Das Ehepaar hatte Nena und mich vom Flughafen abgeholt. Beide waren aufgeregt mit freundlichem Lächeln von Ohr zu Ohr. Schließlich war es für sie das erste Mal, dass Fremde in ihrem Zuhause wohnen würden. Es war auch das erste Mal, dass sie so lange verreisen würden.

Für Karrierefrau Marie war ein dreiwöchiger Urlaub eigentlich nicht drin. Auch diesmal klappte es nur, weil sie aus England, wo Scotts Familie lebte, fünf Tage nach Paris auf eine Fachkonferenz verschwinden konnte.

Die Frage war natürlich gewesen, wer sich um Chester, Chi, Lola und Wasabi kümmern sollte. Notgedrungen hatten die White-Penetiers eine Anzeige auf einer Haussitter-Website geschaltet.

Aber ganz wohl dabei war ihnen nicht.

Wie konnten sie sicher sein, dass Nena und ich keine randalierenden Diebe und Tierquäler waren? Erst nach Skypen, dem Präsentieren von Referenzen und dem Senden von Passkopien war alles gut. Nena und ich durften den Haussittervertrag unterschreiben, den Marie ausgearbeitet hatte.

Um uns einzugewöhnen – und noch mal ganz sicherzugehen, dass wir keine stehlenden Tierquäler waren –, wohnten wir zwei Tage mit den White-Penetiers zusammen, bevor sie nach England abflogen.

Marie und Scott stellten uns den Nachbarn vor, zeigten uns Einkaufsmöglichkeiten, Gassi-Routen, die Bedienung des Heimkinos, das richtige Reinigen des Garten-Jacuzzis und das Regeln der Hausklimaanlage. So lernte ich aus erster Hand den Alltag einer kanadischen Vorortfamilie kennen.

Der Vorort hieß Pointe-Claire. Ein Wirklichkeit gewordener Traum der Mittelschichten von Bielefeld bis Boston.

Die Straßen waren flankiert von hohen Laubbäumen.

Die verschlafene Kleinstadt mit dreißigtausend Einwohnern war picobello sauber, lag direkt am See Lac Saint-Louis, verfügte über gleich zwei kleine Häfen für Segelboote und Yachten, einen Golfplatz, eine alte Windmühle sowie eine historische katholische Kirche. Schicke Einfamilienhäuser aus Holz reihten sich an noch schickere Einfamilienhäuser, die auch fünf Familien Platz geboten hätten. Nach jedem zwanzigsten Haus gab es einen umzäunten Spielplatz.

Pointe-Claires Bewohner hatten ihr Leben finanziell offensichtlich im Griff, einige waren sogar reich, worauf teure Autos in den Einfahrten schließen ließen. An der Uferstraße wechselten sich niedliche Cafés mit gehobenen Restaurants ab.

Kurzum: Hier plätscherte das Leben entspannt vor sich hin. Und wer trotzdem Lust auf Großstadt hatte, war in weniger als einer halben Stunde in Montreal.

Besonders auffällig war die Herzlichkeit der Nachbarn, sie grüßten sich entweder mit einem extrem freundlichen: »Hi, how are you?«

Oder: »Comment allez-vous?«

Schließlich war das hier die Provinz Quebec, die stolze französischsprachige Region an der Ostküste.

Von hier aus war Kanada einst gegründet worden.

Im Jahr 1535 überquerte der französische Entdecker Jacques Cartier per Segelschiff den Atlantik und erreichte die Mündung des Sankt-Lorenz-Stroms (Cartier benannte den Wasserlauf nach dem Heiligen Laurentius von Rom).

Er fuhr weiter ins Landesinnere und erreichte schließlich ein stark befestigtes Irokesendorf, das am Fuße eines Berges lag. Cartier nannte ihn »königlicher Berg«, Mont Royal, wo das heutige Montreal liegt. Der Name Kanada geht übrigens auf das Irokesenwort für Siedlung zurück: Kanata. Cartier nahm das entdeckte Gebiet für den König von Frankreich in Besitz, der die neue Kolonie etwas unkreativ »Neufrankreich« nannte.

Wer sich nun fragt, wie der Seefahrer etwas in Besitz nehmen konnte, das doch offensichtlich schon den Irokesen gehörte, dem sei gesagt: Eroberung durch technologische Überlegenheit war damals der Zeitgeist und wurde von Europäern überall auf der Welt so gehandhabt.

In den folgenden Jahren kamen immer mehr europäische Abenteurer, Händler und Siedler in die neue Kolonie. Angelockt wurden sie von reichen Fischgründen und Bibern, beziehungsweise deren kostbaren Pelzen. Die waren im sechzehnten und siebzehnten Jahrhundert nämlich äußerst wichtig für die Hutmode. Immer weiter drangen die Biberjäger nach Westen und Süden vor. Der kanadische Biber stand kurz vor der Ausrottung. Gerettet wurde er im neunzehnten Jahrhundert von einem Wechsel des Modegeschmacks zu Seidenhüten.

Zudem folgte das übliche Geplänkel zwischen europäischen Einwanderern und Einheimischen einerseits (meistens unterlagen Letztere) sowie Europäern untereinander andererseits. In diesem Fall Franzosen und Briten. Am Ende gewannen die Briten.

Doch sie mussten der Provinz Quebec einige Sonderrechte in Sachen französischer Sprache, Kultur und Selbstverwaltung einräumen. Noch immer gibt es in Quebec viele, die lieber einen eigenen Staat hätten.

Heute reicht Kanada vom Atlantik bis zum Pazifik und ist nach Russland das flächenmäßig zweitgrößte Land der Erde – hat allerdings nur sechsunddreißig Millionen menschliche Einwohner.

Da dies ein Tierbuch ist, müssen wir uns vom eben Gesagten nur merken: Die Tatsache, dass es heute Kanada gibt, verdanken wir Bibern.

»Jamie! Komm an den Tisch, es gibt Abendessen. Das ist die letzte Ansage, Kumpel.«

Der zwölfjährige Jamie war ein typischer Teenager unserer Zeit. Wäre es nach ihm gegangen, hätte er den ganzen Tag im Keller sitzen können.

Der war nämlich zu einer Art schummrigen Wohnlounge ausgebaut, mit Teppich, Sofa, falschem Kamin und das Wichtigste: ein großer Flachbildfernseher samt angeschlossener Playstation.

Daran saß der Teenager von früh bis spät und zockte ein buntes Ballerspiel namens *Overwatch*. Unterbrochen wurde diese Tätigkeit nur von Schule, Mahlzeiten und dem Fußballtraining. Alles nervige Störungen, zu denen Vater Scott drei bis fünf Mal aufrufen musste, bevor Jamie sich vom Bildschirm losriss. Am bevorstehenden Familienurlaub nervte ihn am meisten, dass er für drei Wochen keine Playstation spielen konnte.

»Manchmal sind wir besorgt, dass wir ihn zu viel spielen lassen«, klagte Mutter Marie. »Aber heutzutage haben die Kids echte Freundschaften bei diesen Onlinespielen. Die wollen wir nicht zerreißen.«

Nena sah das etwas anders.

»Wenn das mein Kind wäre, würde ich die Playstation vor seinen Augen mit einem Hammer zertrümmern. Der soll sich lieber mal um seine Haustiere kümmern«, schimpfte sie, wenn wir alleine waren.

Obwohl die White-Penetiers die Tiere mal für die Kinder angeschafft hatten, interessierte sich Jamie wenig für Hund Chester, Vogel Wasabi oder den grau getigerten Kater Chi. Allein die fette, schwarz-weiße Katze Lola hatte einen Platz im Herzen des Teenagers, weil sie jede Nacht in seinem Bett schlief, seit er ein Kleinkind war.

Auch Tochter Sam ließ die Haustiere links liegen. Die langbeinige Vierzehnjährige interessierte sich mehr für Smartphone und Mode und verbrachte ihre Zeit meistens alleine im pastellfarben gestrichenen Zimmer oder bei Freundinnen.

Die Eltern hatten angesichts der Ignoranz ihrer Kinder notgedrungen das alleinige Sorgerecht für die Haustiere übernommen. Marie war die beste Freundin von Wellensittich Wasabi. Sobald sie den Vogelkäfig in der Küche öffnete, flog er auf ihre Schulter und krächzte »Kissi Kissi«, woraufhin Marie ihre geschürzte Schnute zum Schnabel führte.

Scott war dagegen der Rudelführer von Chester. Täglich spazierte er wenigstens einmal mit ihm durch die Nachbarschaft, damit er etwas Auslauf bekam.

Marie joggte zwar jeden Morgen. Doch weil der massige Chester immer so an der Leine zog und mal hierhin und dorthin wollte, durfte er nicht mit.

»Du musst das verstehen: Das ist der einzige Moment am Tag, der allein mir gehört«, entschuldigte sie sich.

Tatsächlich schien die Akademikerin und Supermama stets etwas gestresst. In den zwei Tagen, die wir mit den White-Penetiers lebten, verging kaum eine Minute, in der Marie nicht an ihrem Vortrag für die Fachkonferenz in Paris arbeitete. Oder mit einem ihrer Doktoranden telefonierte, skypte oder e-mailte. Zwischendurch fand sie auch noch Zeit, um sich um die Kinder und den Wellensittich zu kümmern. Glücklicherweise brauchten wenigstens die Katzen kaum Aufmerksamkeit, sondern nur Futter im Napf.

Und dann verbrachte Marie auch noch Stunden in der Küche, um uns mit kreativen Abendessen aus exotischen Kochbüchern zu beeindrucken. Während Nena und ich ihr beim Kochen zusahen, erklärte sie uns eine der wichtigsten Besonderheiten ihres Zuhauses: Gluten. Beziehungsweise kein Gluten.

Sohn Jamie, so vermutete sie, sei allergisch. Jedenfalls sei der Junge deutlich konzentrierter und ausgeglichener, seitdem er kein Gluten mehr zu essen bekomme.

Als jemand, der in deutschen Großstädten gelebt hat, hatte ich das schon mal gehört. Gluten-Allergie wird oft als Volkskrankheit der Hipster verlacht. Es ist ein Protein, das in den meisten Getreidesorten steckt und folglich auch in alltäglichen Lebensmitteln wie Brot, Pasta, Pizza oder Müsli.

Experten zufolge reagiert etwa ein Prozent der Weltbevölkerung allergisch auf Gluten. Bei ihnen kann das Protein Symptome wie Durchfall, Erbrechen, Müdigkeit oder Depression auslösen.

Jedenfalls glaubt im westlichen Kulturkreis eine überdurchschnittlich hohe Zahl von Menschen, dass es ihnen ohne Gluten besser geht. Eine entsprechende Ernährung gehört aber sicherlich auch zum Lifestyle. Im Internet finden sich zudem dubiose Gesundheitsexperten, die meinen, Gluten würde »Gehirnnebel« (Brain Fog) verursachen.

Was auch immer bei Jamie der Fall war (Nena glaubte, dass sein stundenlanges Playstation-Geballere Gehirnnebel verursachte): Seine glutenfreie Ernährung machte uns das Leben als Haussitter nicht einfacher.

Denn der kleinste Krümel konnte eine ganze Tischplatte kontaminieren. Folglich gab es einen Küchenbereich, der nie in Kontakt mit glutenhaltigen Lebensmitteln kommen durfte. Da waren sogar gesonderte Putzlappen. Und natürlich durfte auch nichts in den Geschirrspüler, was Kontakt mit der bösen Proteinansammlung gehabt hatte. Was ziemlich viel war. Schließlich mochten wir Toast zum Frühstück und Pasta zum Abendessen.

Zum Glück für die White-Penetiers war Nena da. Sie mutierte in den folgenden Wochen zur Gluten-Polizei und achtete streng darauf, dass ich alles korrekt einhielt.

Jamie war nicht der Einzige, dessen Ernährung Besonderheiten hatte.

So sollten wir Chester jeden Morgen ein Beruhigungsmittel ins Hundefutter mischen. Denn wie Marie uns erklärte, litt der Riesenhund an Angststörungen. Diese würden sich manchmal in plötzlich auftretendem aggressiven oder destruktiven Verhalten zeigen. Zum Beispiel Bellen, Knurren oder Zerstörungswut.

Eine der häufigsten Ursachen von Angststörungen bei Hunden ist übrigens mangelnde Aufmerksamkeit. Mir war zwar nicht ganz wohl dabei, Chester Drogen ins Fressen zu mischen. Aber als Tiersitter hat man sich an die Vorgaben der Besitzer zu halten.

Nach zwei Tagen Wohngemeinschaft kam schließlich das letzte Dinner.

Scott warf den großen Gasgrill auf der Gartenterrasse an. Denn zu den Einfamilienhäusern hier in Pointe-Claire gehörten nicht nur Einfahrt und Rasen, sondern auch ein kleiner Garten hinterm Haus. Hier wuchs eine hohe Esche, stand eine Garage, und es gab sogar einen Jacuzzi auf der Terrasse.

Marie hatte das Rezept einer scharfen, fleischlosen Soße ausprobiert, damit auch Nena etwas Anspruchsvolles zu ihrer Pasta bekam. Leider aß sie nicht nur kein

Fleisch, sondern auch nichts Scharfes. Für alle anderen gab es Steaks.

Und während der Abend und die Mücken über Pointe-Claire hereinbrachen, erzählte uns Marie – die Frau mit der porzellanartigen Haut, blonden Haaren, blauen Augen und französischem Akzent –, dass sie eine Indianerin war.

Ich konnte es nicht glauben.

Aber es stimmte, sie zeigte mir ihren von der kanadischen Regierung ausgestellten Ausweis, der ihren »Indian Status« bestätigte.

Marie war als Kind von einer Indianerin adoptiert worden und in einem Reservat nahe der Stadt Quebec aufgewachsen.

Dadurch gehörte sie zum Stamm der Wyandot. Und diese gehörten einst zu den zahlreichsten Indianern in dieser Gegend – bis die Europäer kamen.

Der Jesuit François du Peron beschrieb die Wyandot im sechzehnten Jahrhundert so:

Sie sind robust und alle viel größer als die Franzosen. Ihre einzige Kleidung ist eine Biberhaut, die sie in Form eines Mantels auf den Schultern tragen; Schuhe und Leggings im Winter, ein Tabakbeutel hinter dem Rücken, eine Pfeife in der Hand; um den Hals und die Arme Perlenketten und Armbänder aus Porzellan; sie hängen diese auch an ihre Ohren und um ihre Haarlocken. Sie fetten ihre Haare und Gesichter ein; auch streifen sie ihre Gesichter mit schwarzer und roter Farbe.

Bald waren die Wyandot Verbündete der französischen Kolonisten und trieben Handel mit ihnen (genauer: Sie vertickten Biberfelle). Doch es half ihnen nichts. Einerseits wurden sie durch von den Kolonisten eingeschleppten Pocken dezimiert. Andererseits verloren sie die Kämpfe gegen die Irokesen, die mit den Briten verbündet waren. Im achtzehnten Jahrhundert waren von einst dreißigtausend nur noch hundert Wyandot übrig.

Ich saß also mit einer der letzten Wyandot am Esstisch. Und das war noch nicht mal die größte Überraschung.
Als Nena und ich am nächsten Morgen erwachten, waren wir allein. Die White-Penetiers waren bereits zum Flughafen gefahren. Das Haus, das gestern noch voller Trubel gewesen war, lag in Stille. Nur Wasabis Selbstgespräche krächzten aus der Küche. Nena und ich waren nun die temporären Hausherren und zogen vom dunklen Playstation-Zimmer im Keller ins oberste Geschoss, wo die Schlafgemächer lagen.
Marie und Scott hatten darauf bestanden, dass Nena und ich während ihrer Abwesenheit in ihr Schlafzimmer ziehen sollten. Ein zwölf Quadratmeter kleiner Raum, geschmackvoll eingerichtet mit hellen Möbeln, einem plüschigen Teppich und Doppelbett. Zwei Wände hatten Fenster – mit Aussicht auf die grünen Vorgärten der Nachbarn.

La Gomera

Spaziergang mit Mini auf La Gomera.

Fuchshund Siria.

Geckos gehören auch zum Finca-Inventar.

Mini und Miez auf dem Sofa.

Bulgarien

Howdy! Weder die heiße Sonne Bulgariens noch schwere Reiter machen den kräftigen Westernpferden etwas aus. Hart im Nehmen sind auch die Ponys, die auf der Ranch leben. Obwohl sie keiner darum gebeten hat, folgen sie den Reitern oft für Stunden.

Hufpflege auf der postapokalyptischen Pferderanch.

Die plüschigen Welpen der zentralasiatischen Schäferhunde toben überall auf der Ranch herum und werden ausgewachsen mal 60 Kilo wiegen.

Diese anhängliche Ziege gäbe auch einen guten Hund ab. Menschen begrüßt sie mit wedelndem Schwanz und weicht ihnen nicht mehr von der Seite.

Kirgisistan

Einer der Schneeleoparden im Rehabilitationszentrum am
kirgisischen Yssikköl.

Esel Freddy und sein Freund, das Pferd eines der Wildhüter.

Die Esel auf der Schneeleoparden-Station.

Vorsicht Manul.

Kanada

Mein kanadischer Schützling Chester im Porträt.

Wellensittich Wasabi sagt den ganzen Tag »Kissi Kissi«.

Sri Lanka

Manchmal rennt in Sri Lanka ein Affe übers Dach.

Katzenbaby Tsunami schnüffelt an einer Jackfrucht.

Ich vor Elefant.

Straßenhund Pumba zwischen Zimtbäumen.

Australien

Schafzucht ist weit verbreitet in Australien.

Die Kängurus hinter dem Shop unserer Gastgeber.

Auf der Känguru-Insel gibt es angeblich eine Koala-Plage, aber ich
sehe erst nach Wochen meinen ersten auf einem Eukalyptusbaum am
Straßenrand.

Namibia

In Namibia treffe ich endlich meinen Tiergeist, der mir bei einer Schamanin erschienen war: den Pfau.

Bei einer Safaritour sichten wir turmhohe Giraffen.

Zebras.

Büffel beim Sonnenuntergang.

Mein Blick fiel als Erstes auf das dominante Familienfoto über dem Bett. Da lächelten im Großformat: eine etwas jüngere Marie, Scott, der kleine Jamie und – noch ein Junge. Etwa so alt wie Jamie heute.

Aber wo war Tochter Sam?

Plötzlich machte es Klick.

Marie war ja Professorin für Genderstudies. Sie hatte mir von ihrem aktuellen Forschungsprojekt erzählt. Es ging um die Erfahrungen von transsexuellen Jugendlichen. Mir war nicht in den Sinn gekommen, dass sie ihren Beruf aufgrund persönlicher Erfahrung gewählt hatte.

Doch genau so war es. Samantha, das turmhohe hübsche Mädchen mit den langen brünetten Haaren, war als Samuel auf die Welt gekommen.

Potz Blitz: Ich war Tiersitter bei adoptierten Transgender-Indianern in Kanada. So ein Eintrag macht jeden Lebenslauf interessant.

Riesenhund Chester interessierte das herzlich wenig.

Er lag auf seinem großen Kissen im Wohnzimmer und schaute betrübt aus dem Fenster. Sein Rudel war ohne ihn nach England geflogen.

»Sei nicht traurig«, sagte ich zu ihm und streichelte sein Löwenfell. »Komm, wir gehen spazieren.«

Als ich die Leine aus der Schublade nahe der Eingangstür holte, war er vor Freude kaum noch zu bändigen. Sein Schwanz wedelte, die Zunge hechelte, und er drehte sich im Kreis, sodass ich im engen Korridor Angst um die Einrichtung bekam.

»Hast du ihm schon sein Beruhigungsmittel gegeben?«, fragte ich Nena, die gerade die Schlafzimmertreppe herunterkam.

Klar hatte sie das. Während ich noch die letzten Jet-lag-Reste ausschlief, hatte Nena bereits alle Tiere gefüttert und das Haus geputzt.

»Ich komm mit«, sagte sie. Und so begann unser Entdeckungs-Gassi von Pointe-Claire.

Ich war bereits mehrmals mit Scott mitgelaufen und wusste daher, dass es eine lange und eine kurze Route gab.

Die kurze führte einmal die Straße hoch, links die gepflegten Rasen und Einfahrten der hölzernen Einfamilienhäuser, rechts das weitläufige Gelände des Golfclubs. Chester schnüffelte an allen möglichen Pflanzen und Natursteinmauern, hob das Bein und markierte sein Revier.

Die Straße endete oben am Wald. Dann ging es im schachbrettartigen Straßenraster von Pointe-Claire links, links und wieder links. Nach dreißig Minuten standen wir wieder vor unserem Haus.

Nena und ich gingen allerdings fast immer die lange Gassiroute, für die man eine Stunde brauchte. Wir spazierten zuerst links in Richtung See. Fünf Minuten später waren wir an der Uferstraße. Danach wurde es immer grüner und idyllischer. Wir durchquerten eine Allee aus Ahornbäumen, bald kam der Hafen, in dem wie Nussschalen kleine Segelschiffe ankerten. Pointe-Claire war jetzt mehr Park als Kleinstadt, die Häuser glichen Schlössern mit Seezugang. Zwischendrin gab es öffentliche Wiesen, die direkt am Ufer lagen. In den vergangenen Wochen hatte es besonders viel geregnet, weswegen das Wasser übers Ufer getreten war und in kleinen Wellen auf die Wiese plätscherte. Die Bäume schienen hier direkt aus dem See zu wachsen.

Chester zog heftig an der Leine.

»Langsam, Kumpel«, mahnte ich.

Doch er wollte mit aller Kraft ins Wasser. Die Leine zu halten, war nun ein echter Kraftaufwand. Schließlich ließ ich ihn gewähren, und er planschte fröhlich im Wasser herum.

Hier ist eine knallharte Wahrheit: Mit großem Hund kommt auch großer Haufen.

Und das hier war ein sehr großer Hund.

Da Kanada ein zivilisiertes Land war, hatten Hundebesitzer die Kacke ihrer Schützlinge natürlich von Straßen, Gehwegen und Wiesen zu entfernen. Im Griff der Leine waren dafür blaue Plastiktütchen verstaut.

Leider waren Chesters Haufen so groß, dass ein Tütchen meist nicht genügte. Ja, nicht mal eine Hand reichte aus, um die braune, warme Masse in ihrer Gesamtheit vom Boden zu heben. Und es stank. Gott, wie das stank. Jetzt einzuatmen bedeutete den sicheren Tod.

Und so spazierten wir mit prall gefüllten Kacktüten durchs saubere Pointe-Claire bis zum nächsten Mülleimer, als kämen wir vom Shoppen aus dem Supermarkt.

Nicht nur deswegen gingen entgegenkommende Passanten auf Abstand. Denn wer die sanfte Natur des

Löwenhundes nicht kannte, der hatte zwangsläufig Respekt vor dem massigen Tier. Zumal Chester nicht so sanft wie zu Hause war.

Wie aus dem Nichts kläffte er auf dem Gehweg vor einem Café zwei Kinder an, deren Mutter sie sofort zur Seite zog. Einmal schnappte er sogar nach der Hand einer freundlichen Frau, die sich nach ihm erkundigen wollte.

»Vielleicht sollten wir die Dosis erhöhen«, meinte ich zu Nena.

Doch sie hielt nichts von Beruhigungsmitteln. Stattdessen schimpfte die kleine Kanarin nach jedem Fehltritt auf den Löwenhund ein, bis der auf den Hinterbeinen saß und schuldbewusst auf den Boden schaute.

Irgendwann stellte sich Alltag ein.

Neben dem Tierefüttern und Chester-Ausführen gab es nicht sonderlich viel zu tun. Das Leben im kanadischen Vorort plätscherte in höchster Lebensqualität vor sich hin. Wir lümmelten auf den bequemen Sofas im lichtdurchfluteten Wohnzimmer. Wir aßen auf der Terrasse im Garten, badeten im Jacuzzi und ja: Ich zockte auf Jamies Playstation.

Einmal in der Woche skypten wir mit Marie und Scott und überzeugten sie davon, dass das Haus noch stand. Leider mussten wir ihnen auch von kleinen Ärgernissen berichten, die aber zum Glück nie unsere Schuld waren.

So hatten sie uns ihr Zweitauto überlassen, einen alten orangen Mitsubishi mit Automatikgetriebe. Doch schon nach der ersten Fahrt zum Supermarkt sprang er nicht mehr an. Die Batterie war tot. Zum Glück war das nicht auf dem Supermarktparkplatz oder mitten auf dem Highway passiert. Die Kiste stand sicher in der Einfahrt.

Dann war da noch die Sache mit dem Fliegengitter an der Terrassentür. Das war an einem festen Plastikrahmen befestigt und hatte unten ein kleines Loch für die Katzen. Sogar die dicke Lola passte durch.

Wer hingegen nicht durchpasste, war Chester.

Eines Nachmittags bekam das Sprichwort vom Kamel durchs Nadelöhr eine ganz neue Bedeutung. Mit Anlauf und voller Vorfreude aufs Ballspielen im Garten hatte der Riesenhund Kurs auf die Katzentür genommen. Er kam auch durch. Allerdings trug er nun das ganze Fliegengitter samt Plastikrahmen wie eine modische Halskette zwischen Kopf und Körper.

Die White-Penetiers nahmen es mit Humor.

Der Anblick war auch zu komisch gewesen.

Was ich ihnen aber nicht erzählte, war mein peinlicher Ausflug mit dem Kajak.

Der gewaltige See unten an der Straße war nicht nur beliebt bei Segelbootkapitänen, sondern auch bei Kajak-Fahrern. Marie und Scott hatten zwei Plastikboote und Paddel in der Garage, die wir benutzen durften.

An einem sonnigen Tag rollten Nena und ich unsere Kajaks auf Stützrädern die Straße hinunter, ließen sie am Ufer sanft in den See gleiten und sprangen hinein. Ihrs war gelb und meins rot. So weit, so gut.

Der Saint-Louis-See ist hundertfünfzig Quadratkilometer riesig und Teil des Systems aus Flüssen und Seen, das die Landfläche in diesem Teil Kanadas zerschnitt. Eine gewaltige silbrige Wasserfläche mit zum Teil starkem Wellengang. Der See verband sich mit dem Sankt-Lorenz-Strom, über den Jacques Cartier vor bald fünfhundert Jahren gekommen war.

Voller Entdeckerdrang paddelten Nena und ich los. Das andere Ufer war nur als weit entfernte Landlinie mit Bäumen zu erkennen. Wir folgten lieber der sicheren Küste Pointe-Claires. Die teuren Häuser, die von der Straße aus hinter hohen Zäunen verborgen lagen, offenbarten sich dem Wasser.

Ein kleines Einfamilienhaus wie das der White-Penetiers kostete umgerechnet 270 000 Euro. Die herrschaftlichen Gebäude, an denen wir im Kajak vorbeipaddelten, hatten meist Natursteinfassade, runde Türmchen und hohe Fenster. Einige fielen eher in die Richtung architektonische Moderne. Quader aus Metall und Glas, die einen ungestörten Blick auf den See boten. Viele der Anwesen hatten Pools und sogar eigene Anlegestege für die private Yacht. So was kostete zwischen einer und fünf Millionen Euro, wie die örtliche Immobilienseite verriet.

Ich war ja schon etwas neidisch.

Nur Nena schimpfte auf die verfluchten Kapitalisten und Ausbeuter. Zum Glück hatte sie keinen Stein im Kajak, den sie werfen konnte.

Zeit für eine Abkühlung.

Zwar war es Juli. Doch bisher hatte es beinahe jeden Tag geregnet. An diesem Tag brach zum ersten Mal die Sonne durch die graue Wolkendecke.

Voller Freude sprang ich aus meinem Kajak ins Wasser.

An der Vorderseite war eine Leine befestigt, mit dem ich das kleine Plastikboot während meiner Abwesenheit an Nenas Kajak festbinden konnte.

Nun schwamm ich frei durch den See. Allerdings nicht lange.

Denn plötzlich sprang rechts von mir ein riesiger Fisch aus dem Wasser in die Luft und fiel mit einem lauten Platsch wieder hinein.

Verflucht, gab es hier etwa Haie? Immerhin hatte der See Zugang zum Atlantik.

Und ich schwamm hier wie der blödeste Köder im Wasser herum!

Wahrscheinlicher war jedoch, dass der Fisch ein Barsch oder Wels war. Oder vielleicht sogar ein Mondfisch, die hier auch lebten. Der Mondfisch, der auf Englisch Sonnenfisch (Sunfish) heißt, ist eine sonderbare Kreatur. Der schwerste Knochenfisch der Welt kann eine Länge von über drei Metern erreichen und über zwei Tonnen wiegen. Er sieht äußerst seltsam aus, weil er statt einer Schwanzflosse nur einen Hautstummel hat.

Was auch immer da gerade neben mir aus dem Wasser gesprungen war: Ich wollte schnellstmöglich wieder ins Kajak.

Doch das war leichter gesagt als getan.

Zu diesem Zeitpunkt wusste ich noch nicht, dass es auf YouTube zahlreiche Erklärvideos gibt, wie man aus dem Wasser wieder ins Kajak kommt. Warum? Weil es so verdammt schwer ist.

Mein erster Versuch, mich direkt am Sitz klimmzug-artig aus dem See zu ziehen, scheiterte kläglich. Denn im Wasser löst jede Krafteinwirkung sofort eine Gegenbewegung aus. Das Kajak drehte sich, und die Sitzöffnung war unter Wasser. Ich drehte es wieder um und versuchte nun, von hinten raufzuklettern. Es hatte was von ultra-langsamem Bockspringen.

Doch wieder verlor ich das Gleichgewicht und: Platsch.

Anfangs hatte Nena noch gelacht.

Doch nach einer Viertelstunde gescheiterter Einstiegs-versuche war sie besorgt. Besonders da mein Kajak jetzt voller Wasser lief und ihres mit in die Tiefe zu ziehen be-gann.

Panisch schöpfte ich das Wasser aus der Sitzöffnung.

Wir waren weit draußen auf dem See.

Schließlich gab ich auf und sah ein, dass ich hier nicht mehr ins Kajak kommen würde.

»Da hinten ist der Hafen für die Segelboote«, rief Nena und paddelte mit den beiden verbundenen Kajaks los. »Du schwimmst!«

Bis zu dem kleinen Hafen war es etwa ein Kilometer, für mich als Landratte eine beängstigende Distanz, zumal ich mich bereits mit den gescheiterten Kajak-Einstiegs-versuchen völlig verausgabt hatte.

Doch alles Jammern half nichts.

Entweder schwamm ich oder endete als Fischfutter.

Wenigstens wurde ich nicht noch mal von aus dem Wasser springenden Mondfischen, Barschen oder Welsen erschreckt.

Am Segelboothafen kroch ich wie eine altersschwache Robbe völlig fertig aus dem Wasser – und plumpste von oben in mein Kajak.

Puh, das war knapp.

In unserer letzten Woche wollte ich Indianer besuchen. Schließlich gibt es kaum eine Kultur, in der Tiere so hoch geschätzt werden.

Maries Wyandot-Stamm lebte leider zu weit entfernt.

Doch ihre historischen Erzfeinde waren ganz in der Nähe: das Irokesen-Volk der Mohawk.

Sie lebten in einem Reservat namens Kahnawake. Es lag direkt auf der anderen Seite des Sees, ich hätte es vom Kajak aus sehen können.

Luftlinie waren es zehn Kilometer. Doch die nächste Brücke lag weit entfernt, sodass die Fahrtstrecke mehr als das Doppelte betrug.

Unser Auto war immer noch batterietot. Mit den öffentlichen Verkehrsmitteln dauerte es ewig und war zudem teuer. Mit dem Kajak rüberzupaddeln, traute ich mich nicht. Also blieb nur eine Option: das Fahrrad.

Wir durften Maries und Scotts Zweiräder benutzen, die in der Garage warteten.

»Fünfzig Kilometer mit dem Fahrrad? Bist du verrückt?«

Nena war raus.

Chester wedelte zwar fröhlich mit dem Schwanz. Doch ich wusste es besser. Er musste ja schon am Ende der langen Gassiroute halb nach Hause gezogen werden. Stundenlang neben einem Fahrrad herzurennen, hätte ihn umgebracht.

Also machte ich mich am nächsten Morgen allein auf den Weg.

Zwar konnte ich mich nicht erinnern, wann ich das letzte Mal auf einem Fahrrad gesessen hatte.

Aber wie hart konnte es schon werden?

Nur so viel, und es soll bei diesem einen Jammersatz bleiben, der die Ausmaße meines Leidens nicht mal im Ansatz beschreiben kann: Nena erinnert sich noch heute daran, dass meine Haut hellgrau war, als ich zehn Stunden später zurückkehrte und stundenlang beinahe leblos im Jacuzzi trieb.

In Gedanken kehrte ich da wahrscheinlich gerade zurück auf den Indianerfriedhof, auf dem ich kurz zuvor in Kahnawake gestanden hatte. Dort begruben die Mohawk ihre Toten. Obwohl es ein katholischer Friedhof war, waren auf einigen Grabsteinen Tiere abgebildet, die ich nicht mit dem Christentum verband.

Bären, Wölfe oder Schildkröten.

Das, so hatte es mir der freundliche kleine Mann mit der Baseballkappe erklärt, waren nämlich die traditionellen Mohawk-Clans. Ganz früher gab es sogar noch mehr Clans. Die Bären waren unterteilt in alte und große Bären; außerdem gabs Hirsche, Schnepfen und Felsen.

Auf jeden Fall war der Mann ein echter Mohawk. Obwohl sein Äußeres mehr an Strandurlauber erinnerte als an Indianer. Seine Haut war braun, die Haare kurz geschnitten, er trug Shorts und ein pinkes Shirt. Sein indianischer Name war Langer Himmel, sein Allerweltsname John.

Der Mittvierziger war mein Führer, den mir das Touristenbüro des Reservats vermittelt hatte. Er war extra für mich von zu Hause gekommen, denn außer mir gab es keine Touristen.

Nicht nur deswegen war ich ihm dankbar. Sondern auch dafür, dass er mich mit seiner großen schwarzen Limousine abholte und herumfuhr, um meine fahrradgeschändeten Beine zu schonen.

Apropos, mein Fahrrad hatte ich ein paar Kilometer entfernt vom Reservat in einem Industriegebiet von Montreal stehen lassen müssen. Grund war keine Anti-Fahrrad-Politik der Indianer, sondern die bescheidene Anbindung des Reservats an Montreal. Die Metropole und Kahnawake trennte nämlich der mächtige Sankt-Lorenz-Strom. Zwar führte eine Brücke über den Fluss, aber leider nur als Autobahn. Radler und Fußgänger kamen nur mit dem Bus rüber, und zwar ohne Fahrradmitnahme.

»Warum bist du nicht mit dem Kajak gekommen?«, lachte Langer Himmel.

»Riesenfische … ach egal.«

Das Reservat umfasst etwa fünfzig Quadratkilometer und ist von Wald umgeben. Es ist Heimat von achttausend Mohawk-Indianern, die hier in mehreren kleineren Ortschaften leben.

Eine davon ist Kahnawake. Es liegt direkt gegenüber von Montreal, am Südufer des Sankt-Lorenz-Flusses.

Der Name bedeutet übersetzt »An den Stromschnellen«, und der historische Ortskern sah aus wie eine Westernstadt.

Herzstück war eine katholische Kirche aus grauen Natursteinen mit glänzender Metallspitze. Am Kirchturm hing ein großes Bild einer jungen Indianerfrau. Die leicht kitschige Zeichnung erinnerte mich an die Disney-Figur Pocahontas.

»Das ist St. Kateri Tekakwitha, die einzige indianische Heilige in der katholischen Kirche«, erklärte Langer Himmel. Die menschlichen Überreste der »Lilie der Mohawk« ruhten in dieser Kirche in einem Schrein. Außerdem gab es ein Kateri-Museum und im Kirchenladen allerlei Figuren, Bildchen oder Halsketten zu kaufen.

Kateri war eine Mohawk aus Kahnawake aus dem siebzehnten Jahrhundert. Wie so viele aus ihrem Stamm hatte sie den christlichen Glauben der Jesuitenprediger angenommen, die damals als Missionare in Nordamerika unterwegs waren. Als sie vier Jahre alt war, raffte eine von den Europäern eingeschleppte Pockenepidemie ihr Dorf dahin. Auch ihre Eltern und ihr Bruder starben. Das Kind überlebte, war jedoch von der Krankheit im Gesicht mit Narben gezeichnet und beinahe blind. Als junge Frau half Kateri den Jesuiten beim Versorgen der Armen. Bis sie im Alter von vierundzwanzig Jahren plötzlich an einer Krankheit starb.

Und nun, so erzählte Langer Himmel, geschah das Wunder: Kurz nachdem das Leben aus Kateri entwichen war, verschwanden auch die Pockennarben aus ihrem Gesicht. Später wollen Menschen die junge Mohawk in Visionen gesehen haben, und ihr werden zahlreiche Heilungen zugeschrieben. Im Jahre 2012 sprach Papst Benedikt XVI. – auch bekannt als Joseph Ratzinger – Kateri heilig. Sie ist die Schutzpatronin der Umwelt.

Viele Mohawk seien heute katholisch, sagte Langer Himmel und fügte hinzu: »Ich bin es nur noch auf dem Papier. Als ich erfuhr, was die Kirche unserem Stamm angetan hat, konnte ich nicht mehr zur Messe gehen.«

Es klang tatsächlich nach einem starken Stück.
Die Priester, vorwiegend Jesuiten, hatten die Mohawk ordentlich über den Tisch gezogen.
Es begann damit, dass der französische König den Kirchenmännern das Mohawk-Land zum Schutz und zur Verwaltung anvertraut hatte.
Und während die Priester ihren neuen Gläubigen was

von Gott, Jesus und dem Heiligen Geist erzählten, verkauften und vermieteten sie das Land der Indianer hinter deren Rücken an europäische Siedler. Von dem Geld sahen die Mohawk natürlich nichts.

Derweil erreichten die Siedlungen der Europäer Ausmaße, die eine gewaltfreie Rückgabe des Landes unmöglich machten.

Später mussten die Mohawk sogar noch zusätzliches Land an die kanadische Regierung abtreten. Für die Eisenbahn, Kraftwerke und Telefonleitungen. Von dem einst über hundertfünfzig Quadratkilometer großen Schutzgebiet war heute nur noch ein Drittel übrig.

»Ich habe mir nur eine einzige Bibelstelle gemerkt«, sagte Langer Himmel und zitierte Matthäus 7, 15:

Hütet euch vor den falschen Propheten; sie kommen zu euch wie harmlose Schafe, in Wirklichkeit aber sind sie reißende Wölfe.

Jesuitenwölfe in Schafspelzen?

Als Tiersitter hätte ich Langer Himmel nun gerne gefragt, ob er wisse, dass in der Bibel nicht nur Wölfe und Schafe, sondern rund hundertdreißig Tierarten vorkommen.

Doch das war gerade äußerst unangebracht. Denn während wir die heilige Kateri hinter uns ließen, berichtete er von einer noch größeren Sünde der Kirche.

So erfuhr ich überrascht, dass er selbst kein Mohawk sprach.

»Wie auch? Meine Eltern sprachen es nicht, und in

meiner Schule wurden Englisch und Französisch unter-
richtet.«

Langer Himmel sprach vom Versuch der kulturellen
Auslöschung der indigenen Völker Kanadas. Dasselbe
Land, das heute auch in moralischer Hinsicht als eines
der besseren der Erde gilt, weil es die Rechte und Kulturen seiner vielen Minderheiten respektiert, fördert und
schützt.

Noch vor zwei, drei Jahrzehnten sah das ganz anders
aus.

In Zusammenarbeit mit den Kirchen hatte der kanadische Staat versucht, die Kultur seiner »First Nations« aus-
zurotten, wie die indigenen Völker in Kanada genannt
werden.

Mittel zum Zweck waren die sogenannten Residential
Schools. Das waren Internate für die Kinder von Urein-
wohnern, die nach dem »Gesetz zur schrittweisen Zivi-
lisierung« 1857 entstanden. Lehrer waren meist Kirchen-
prediger und Nonnen, wiederum meist Jesuiten, die
ihren minderjährigen Schülern eintrichterten, wie rück-
ständig und primitiv die Kultur der Eltern war.

Was mein Mohawk-Führer beschrieb, klang wie die
Hölle auf Erden.

Die Sterblichkeitsrate in diesen Schulen war extrem
hoch, weil gesunde Kinder zusammen mit Tuberku-
lose-Erkrankten lebten. Auch physischer und sexueller
Missbrauch durch Betreuer und Lehrer waren keine Sel-
tenheit.

Nach Einführung der allgemeinen Schulpflicht musste jedes Indianerkind auf diese Schulen – die absichtlich weit entfernt von den Reservaten lagen, um die Kinder und Eltern zu trennen. Erst Anfang der Neunzigerjahre kam das Ausmaß der Zustände in den Residential Schools ans Licht. Eine Untersuchungskommission der Regierung kam zum Schluss, dass die Schulen zum Verlust von Menschenleben geführt und zudem Familien auseinandergerissen und die Kultur der Indianer beschädigt hatten. Ein Trauma, dessen Überwindung viele Generationen dauern würde. Seitdem hatten sich Regierungsvertreter entschuldigt und um Wiedergutmachung bemüht.

»Nur die katholische Kirche hat sich bis heute nicht entschuldigt«, sagte Langer Himmel finster.

Auch wenn er kein Mohawk sprach, sah er seine Berufung in der Bewahrung und Pflege der Kultur der Vorfahren. Deswegen arbeitete er als Lehrer in der Schule von Kahnawake, die Survival School hieß.

Als wir an dem modernen Betonbau mitten im Wald vorbeifuhren, fragte ich in euphorischer Karl-May-Stimmung: »Wie cool, Survivaltraining in der Schule. Macht ihr das wie die Indianer früher, so mit Pferden und Tipis in der Prärie und Kommunikation mit Rauchzeichen?«

Gleich ein doppeltes Fettnäpfchen, das Langer Himmel mit einem überraschten Ist-der-so-blöd-oder-tut-der-nur-so-Blick quittierte.

Denn erstens waren die Mohawk nie Prärienomaden gewesen, sondern hatten als Waldlandindianer in Langhäusern gelebt. Und zweitens: »Unsere Survival School heißt doch noch nicht so, weil wir Überlebenstraining machen«, lachte Langer Himmel. »Sondern weil durch sie unsere Kultur überlebt.«

»Äh, ach so, sorry«, sagte ich enttäuscht. Dazu kam natürlich, dass sich Karl May seine Indianergeschichten aus der Fantasie ersponnen hatte.

Anders als Langer Himmel und seine Eltern lernte Kahnawakes Jugend in der Schule neben Englisch auch Mohawk.

»Das Schullogo ist ein Adler«, referierte mein Lehrer. Denn ein mythischer Adler wache seit jeher auf einem hohen Baum über die Mohawk und warne sie vor Gefahr. Wie bei allen Indianer- und sonstigen Naturvölkern hatten Tiere auch bei den Mohawk eine große Bedeutung. Langer Himmels Vorfahren hatten als halb sesshafte Ackerbauern in Wäldern gelebt. Dabei wohnten die Clans in Dörfern mit Langhäusern zusammen.

Langer Himmel gehörte zum Clan des Bären.

Genau wie seine Mutter eine Bärin war. Der Vater war hingegen ein Wolf (aber natürlich kein böser Jesuitenwolf).

Dass Langer Himmel zum Bärenclan gehörte, macht deutlich, dass bei den Mohawk die Frauen das Sagen hatten. Die Älteste oder Respektierteste stand ihrem Clan vor. Zusammen leiteten die Clan-Chefinnen die Versammlung aller Mohawk-Frauen, die wichtige Entscheidungen für die Gemeinschaft traf.

Zum Beispiel diese: Nachdem 1907 dreiunddreißig Kahnawake-Männer bei einem Bauunfall an der Quebec-Brücke ums Leben gekommen waren, verboten die Frauen, dass künftig mehr als eine Handvoll Männer auf derselben Baustelle arbeiten durften.

Zudem bestimmte die Weiblichkeit, welcher Mann der Gemeinschaft als traditioneller Chief vorstand. Nicht einmal ein Name durfte ohne das Einverständnis der Clan-Chefinnen vergeben werden.

»Ich bin vor drei Wochen Großvater geworden«, berichtete Langer Himmel. »Doch wir wissen immer noch nicht, wie der Junge heißt.« Der Grund: Bei den Mohawk darf jeder Name traditionell nur einmal vergeben werden, damit die Gebete des Medizinmanns auch den Richtigen erreichen. Und der Namensvorschlag für den Enkel von Langer Himmel (»Er bringt den Sommer«) lag zu diesem Zeitpunkt leider immer noch bei den Clan-Chefinnen zur Prüfung.

Übrigens war es streng verboten, innerhalb des eigenen Clans zu heiraten, womit Inzest vermieden werden sollte.

Der Bärenmann Langer Himmel hatte eine Schildkröte zur Frau.

Ich guckte blöd.

Also mir leuchteten Bär und Wolf als Clantiere ja ein.

Das waren immerhin mächtige Raubtiere. Aber warum ausgerechnet die Schildkröte?

»In unserer Schöpfungsgeschichte ist die Schildkröte das entscheidende Tier«, erklärte der Mohawk.

Demnach sei vor langer, langer Zeit eine Himmelsgöttin auf die damals nur von Wasser bedeckte Erde gefallen. Eine Meeresschildkröte fing die fallende Dame auf ihrem Panzer auf, der sich dann stetig weiter ausbreitete und schließlich die Welt kreierte.

Meine Tour durch Kahnawake war beinahe zu Ende, als wir die Reste eines alten Forts erreichten, die um die Missionskirche mit Kateris sterblichen Überresten lagen.

»Wir haben die Franzosen das Fort nicht fertig bauen lassen«, verkündete Langer Himmel. »Wir Mohawk sind nie besiegt worden und haben keine Verträge mit den Weißen unterschrieben. Wir sind eine souveräne Nation.«

Na ja, nicht ganz und gar, aber immerhin durfte die Mohawk-Gemeinde mit Genehmigung des kanadischen Staates inzwischen nach ihren eigenen Gesetzen leben. Sie hatte sogar eine eigene Polizei, die »Peacekeeper«, mit eigenen Polizeiautos, Uniformen, Waffen und moderner Ausbildung.

»Und wir zahlen keine Steuern«, sagte Langer Himmel.

Wie, keine Steuern?, stutzte ich.

So wie Monaco, Bahamas oder dieKaimaninseln?

Es stimmte.

Mit der Einschränkung, dass das Steuerparadies nur für Bären, Wölfe und Schildkröten galt. Nicht aber für Außenseiter; was erklärte, warum in Kahnawake keine internationalen Konzerne und Banken ihre Filialen errichtet hatten.

Die Mohawk-Gemeinde nutzte ihr Steuerprivileg stattdessen für eine alte Indianertradition: die Friedenspfeife, heute besser bekannt als Zigaretten.

Überall im Reservat standen kleine Kioske, an denen Tabakstangen verkauft wurden. Und zwar steuerfrei und damit deutlich billiger als im Rest Kanadas.

Einige Mohawk betrieben im Reservat zudem einen der größten Pokerclubs des Landes. Das war in Kanada zwar eigentlich verboten. Doch das scherte die Indianer nicht; wegen »Souveräne Nation« und so weiter.

»Die sollen nur versuchen, uns daran zu hindern«, warnte Langer Himmel. »Dann endet es wie 1990.«

Bei der Jahreszahl bekommen kanadische Politiker zwischen Atlantik und Pazifik wahrscheinlich noch heute Kopfschmerzen.

Während der sogenannten »Oka-Krise« hatten die Mohawk des Reservats Ernst gemacht und sich mit den Behörden angelegt. Der Vorfall hielt das Land mehrere Monate in Atem.

Die Indianer errichteten Barrikaden, blockierten öffentliche Straßen, lieferten sich Feuergefechte mit der Staatsgewalt, ein Polizist starb, viele Mohawk wurden verletzt, schließlich rückte sogar die Armee mit Panzern an.

Und das alles wegen eines Golfplatzes, der über einen Indianerfriedhof gebaut werden sollte. (Zahlreiche Horrorfilme hatten den weißen Mann offenbar nicht davon überzeugt, dass das keine gute Idee war.)

Wir fuhren nun in der schwarzen Indianer-Limousine über die stählerne Mercier-Brücke, die mich von meinem Fahrrad drüben in Montreal trennte. Die Mohawk-Kämpfer hatten sie damals mit Barrikaden blockiert. Als wir wieder in Kanada angekommen waren, ließ mich Langer Himmel vom Clan des Bären aus dem Auto und rief zum Abschied Tschüss auf Mohawk: »Ó:nen ki!«

Und ich stand wieder vor meinem Fahrrad.

Lieber hätte ich im Kajak mit jedem Riesenfisch gekämpft, als den über zwanzig Kilometer langen Rückweg anzuradeln.

Doch es half nichts.

Zurück in Pointe-Claire fiel ich mit offenbar besonders bleicher Haut in den Jacuzzi. Jedenfalls sorgte sich Nena ernsthaft, ob ich aus eigener Kraft wieder heraussteigen konnte.

Im Kontrast zum mal mehr, mal weniger unterschwelligen Kampf der Mohawk ging es hier auf der anderen Seite des Sees in Pointe-Claire friedlich zu.

Der grau getigerte Kater Chi kam gerade vom Jagen

heim. Die dicke Katze Lola wälzte sich schnurrend im Gras. Und Wellensittich Wasabi krächzte tausend Mal »Wasabi«.

Löwenhund Chester schnüffelte an mir, als wollte er sichergehen, dass ich noch am Leben war.

Und ein paar Tage später drehte sich sein Schwanz vor Freude wie ein Helikopter-Rotor: Die White-Penetiers kehrten aus dem Urlaub zurück.

Falls Marie sauer war, dass ich ihre Indianer-Erzfeinde besucht hatte, ließ sie sich nichts anmerken. Sauer war sie nur darüber, dass die Gender-Konferenz in Paris ein Reinfall gewesen war. Ihre Thesen zu transsexuellen Jugendlichen wurden anscheinend heftig kritisiert.

Doch sie würde niemals aufgeben. Es steckte eben doch eine Indianerin in ihr.

Sohn Jamie rannte sofort in den Keller zu seiner Playstation.

Und dann war da natürlich Sam, die ich nun mit anderen Augen sah.

Bei der Passkontrolle habe es Probleme gegeben, schimpfte sie, weil das Dokument noch auf Sam, den Jungen, ausgestellt war. Aber die Shops in London und Paris seien großartig gewesen.

Bevor Chester von Scott zur gewohnten Gassirunde ausgeführt wurde, sagten Nena und ich Goodbye und Adieu.

Der gutherzige Sechzig-Kilo-Riesenhund würde mir fehlen. Zum Glück hatte er an unserem letzten Morgen den ganzen Wohnzimmerteppich mit gewaltigen grün-braunen Hundehaufen zugekackt, die schlimmer stanken als eine biologische Waffe. So fiel uns der Abschied leichter.

Danke, Chester.

»Kissi Kissi«, krächzte Wasabi.

Nena und ich machten uns mit gepackten Rucksäcken auf zum Flughafen, voller Vorfreude aufs nächste Ziel. Es lag über dreizehntausend Kilometer im Osten, ganz weit weg von den verregneten, aber gepflegten Vorgärten Pointe-Claires.

Über die Website Workaway hatte ich unseren nächsten Tiersittereinsatz organisiert, im tropischen Inselstaat Sri Lanka an der südöstlichen Spitze Indiens.

Während des überlangen Fluges träumte ich von Elefanten, duftenden Zimtbäumen und Affen im Dschungel. Ich hatte keine Ahnung, in was für ein Desaster wir gerade unterwegs waren.

Sri Lanka

Elefanten, Zimt und Pumba

Ich hatte ja gedacht, dass die stinkenden Kotberge des kanadischen Riesenhundes Chester nicht mehr zu übertreffen waren. Was für ein Irrtum. Denn die Kacke von Lakshmi war nur mit einem Spaten zu bewegen. Kein Wunder: Wo der Hund sechzig Kilo wog, waren es bei Lakshmi vier Tonnen.

»Grauer Riese« ist eine typische Klischeebeschreibung für Elefanten, doch als ich vor dem Tier stand, fiel mir keine bessere Beschreibung ein. Zweieinhalb Meter Schulterhöhe, Beine wie Säulen, graue Panzerhaut mit rosa Flecken, Schlabberohren, und natürlich der Rüssel, dick wie ein Baumstamm.

Wenn der Elefant gewollt hätte, wäre ich platt wie ein Pfannkuchen gewesen. Zumal Elefantenoma Lakshmi, mit zweiundfünfzig am Ende der Lebenserwartung von Elefanten, für ihre miese Laune bekannt war.

Nena und ich hatten bei einer Elefanten-NGO angeheuert.

Die »Millennium Elephant Foundation« liegt auf einem

sechs Hektar großen Gelände im grünen Herzen Sri Lankas, unweit der alten Königsstadt Kandy. Direkt an einem Flüsschen standen unter Kokospalmen, Jackfruchtbäumen und allerlei tropischem Gestrüpp Baracken für uns verschwitzte Volunteers, oben auf einem kleinen Hügel die herrschaftliche Villa der singhalesischen Gründerfamilie und am hoch ummauerten Eingang ein Elefantenmuseum für Touristen.

Es war Sri Lankas einzige nichtstaatliche Organisation mit der Lizenz zur Elefantenhaltung. Die Stiftung beherbergte im Moment sieben Elefanten aus Gefangenschaft und ein Dutzend freiwillige Volunteers. Nena und ich waren für Lakshmi zuständig, deren schlechte Laune eigentlich Trauer war.

Ihr Mahut (so werden Elefantenführer genannt), der sie fast dreißig Jahre betreut hatte, war vor Kurzem an Krebs gestorben. Elefanten empfinden tiefe emotionale Bindungen und trauern auch in freier Wildbahn um verstorbene Artgenossen.

Und mit ihrem neuen Mahut – ein kurzer kräftiger Singhalese namens Kalu – war sie nicht recht warm geworden. Genauer: Sie konnte ihn nicht ausstehen. Sie bockte oft, und einmal hatte sie sogar den langen Holzstab mit dem Eisenhaken zerbrochen, mit dem Mahuts Elefanten kontrollieren. Die Nachricht war klar: »Du hast mir gar nichts zu sagen!«

Kalu reagierte seinerseits mit Frust und stand gerade im grünen Shirt und braunen Wickelrock mit grimmiger Miene neben Lakshmi. Offenbar befürchtete er, gleich eins mit dem Rüssel aufs schwarze Haupthaar zu bekommen.

Er hätte einem richtig leidtun können – wenn er nicht selbst immer so unfreundlich gewesen wäre. Tatsächlich war Kalu für einige schlechte Internet-Bewertungen von Besuchern verantwortlich.

Man beschrieb ihn von ruppig über frech bis mies gelaunt.

»Hör bloß auf«, rollte die Managerin der Stiftung, eine flinke Britin, mit den Augen. Sie schrieb im Internet die Repliken auf die Besucherbewertungen und hatte sich schon unzählige Male für Kalu entschuldigen müssen.

Entlassen konnte sie ihn nämlich nicht. Denn die Stiftung bezahlte Privatbesitzer von Elefanten dafür (bis zu fünfhundertfünfzig Euro im Monat), die Tiere überhaupt bei sich unterbringen zu dürfen, damit diese nicht anderweitig zum Geldverdienen leiden mussten, zum Beispiel als Arbeitselefanten. Oder einfach einsam und hungrig in Hinterhöfen herumstanden.

Ich persönlich fand das ja ein recht eigenwilliges Modell: Behandle deinen Elefanten scheiße, und dann wirst du noch gut dafür bezahlt. Aber das war eben die pragmatische Realität in Sri Lanka.

Und die Elefanten werden praktisch mit ihren Mahuts angeliefert.

Schließlich brauchen die Tiere äußerst lange, um eine emotionale Bindung aufzubauen.

Elefantenführer sind in Sri Lanka traditionell arm, ungebildet und liegen im Kastensystem weit unten. Ihr Lohn ist entsprechend niedrig, und sie erwarten Trinkgelder von den Besuchern der Anlage. Die Touristen zahlen allerdings am Eingang für Eintritt und Führungen saftige Preise und haben entsprechend wenig Lust, auch noch die Mahuts zu entlohnen.

Ein Teufelskreis aus Frust.

Jedenfalls hatte Lakshmi, die schon ihren neuen Mahut nicht ausstehen konnte, für mich als Fremden sicher noch weniger übrig – daher meine Pfannkuchen-Sorge.

Sie war der älteste der Elefanten hier; mit ihr hatte alles angefangen. Und mit Sam Samarasinghe, einem wohlhabenden Singhalesen, dessen Familie dieses Land seit Generationen besitzt.

Er hatte Lakshmi Ende der Sechzigerjahre als wilden Jungelefanten einfach aus dem Dschungel mitgenommen (was inzwischen per Gesetz verboten ist). Der Elefantenfreund besaß ein Hotel und wollte, dass die Gäste sich an den Tieren erfreuen. Nach seinem Tod gründete die Familie zum Andenken 1999 die Stiftung.

Seitdem wurden hier mit staatlicher Billigung Elefanten gehalten. Ein Hotel für die Touristen gab es nicht. Ums Geld gehe es bei der ganzen Sache nicht, hatte mir die britische Managerin bei der Einführungstour versichert. Sondern um nicht weniger als die Rettung von Sri Lankas Elefanten.

Im neunzehnten Jahrhundert hatten noch rund fünfzehntausend Dickhäuter die Wälder der Tropeninsel durchstreift. Heute schätzen Experten, dass es höchstens dreitausend sind. Plus fünfhundert Tiere, die in Gefangenschaft bei Privatleuten oder in buddhistischen Tempeln leben.

Schuld am Niedergang der Riesen sind gemeine Zwerge, auch als Menschen bekannt.

Die singhalesischen Könige setzten Elefanten als Waffen gegen Feinde ein, was für die Tiere oft tödlich endete. Die europäischen Kolonialherren – im sechzehnten Jahrhundert Portugiesen, im siebzehnten Holländer und von 1796 bis 1948 die Briten – erfreuten sich an der Elefantenjagd.

Aber nichts hat den Bestand der Tiere so reduziert wie die Zerstörung ihres Lebensraums. Die Städte wurden größer, und der Regenwald wich vielerorts Plantagen für Tee und Reis. Zudem tobte in Sri Lanka von 1983 bis 2009 ein blutiger Bürgerkrieg zwischen der buddhistischen Mehrheit und hinduistischen Tamilen, bei dem Landminen nicht nur Menschen töteten, sondern auch zahlreiche Elefanten.

Wo sie heute noch wild umherstreifen, geraten sie oft mit Menschen in Konflikt, die um Ernte und Eigentum fürchten.

Dieser Konflikt fordert viele Todesopfer auf beiden Seiten.

Laut der staatenübergreifend arbeitenden International Elephant Foundation werden in Sri Lanka pro Jahr bis zu achtzig Menschen von Elefanten getötet und rund zweihundertfünfundzwanzig Elefanten von Menschen.

Bei dem Tempo könnte es in Sri Lanka schon in zehn Jahren keine Elefanten mehr geben.

»Wir hoffen, dass unsere Besucher ein Herz für die Elefanten Sri Lankas mit in ihre Länder nehmen«, hatte die Managerin gesagt. Mit dem Geld aus dem Elefantentourismus bezahlte die Stiftung neben einem mobilen Tierarzt-Service auch eine Aufklärungskampagne in einem nahe gelegenen Dorf, das neben einer viel betrampelten Elefantenkreuzung zwischen mehreren Nationalparks lag. Mit dem Geld wurden Wachtürme zum Ausschauhalten bezahlt und außerdem Warnglocken, mit denen sich die Dorfbewohner schneller in Sicherheit bringen konnten.

Zudem hielt langsam ein Umdenken in der singhalesischen Gesellschaft Einzug. Wilderer müssen mit bis zu fünfzehn Jahren Gefängnis rechnen. Es gibt inzwischen geschützte Nationalparks, Auswilderungszentren und das bei Touristen beliebte Elefantenwaisenhaus in Pinnawala. Und in einem weltweit wahrscheinlich einzigartigen Vorgang entschuldigten sich singhalesische Regierungs- und Religionsvertreter 2016 mittels einer siebenstündigen Zeremonie in der Hauptstadt Colombo bei getöteten Elefanten. Anlass war die Verbrennung von anderthalb Tonnen konfisziertem Elfenbein aus Afrika im Wert von drei Millionen US-Dollar. Die Asche wurde anschließend in den Indischen Ozean gestreut.

Die Nationalflagge Sri Lankas mag zwar einen (auf der Insel längst ausgestorbenen) Löwen zeigen, doch das eigentliche Nationaltier ist der Elefant.

Höhepunkt des Elefantenkults ist die große Prozession im Sommer in Kandy. Tausende Besucher und Touristen reisen jedes Jahr zu dem Spektakel an. Neben peitschen- und fackelschwingenden Tänzern ziehen auch festlich geschmückte Elefanten mit, die in bunter Ganzkörper-Verhüllung aussehen wie überdimensionierte Gespenster.

Der prächtigste Elefant mit Stoßzähnen (nur etwa zwei Prozent der Elefanten Sri Lankas haben welche) trägt einen Schrein mit einem Zahn Buddhas auf dem Rücken, der sonst im großen Tempel von Kandy aufbewahrt wird.

Neben den Buddhisten verehren auch die Hindus die Dickhäuter und haben in ihrem elefantenköpfigen Gott Ganesha sogar den Rüsselchef persönlich im Glaubensrepertoire.

Kurzum: Der Elefant ist das singhalesische Versöhnungstier.

Und »meine« Elefantin Lakshmi war eine richtige Berühmtheit.

In jungen Jahren war sie in zahlreichen Filmen aufgetreten. 1981 neben dem irischen Charakterdarsteller Richard Harris und Busenwunder Bo Derek in *Tarzan – Herr des Urwalds*.

Es war mir daher eine Ehre, den Schlafplatz der Elefantendiva herzurichten.

Misstrauisch beobachtete uns das Tier dabei aus zehn Metern Sicherheitsabstand. Bei jeder Bewegung klirrte die schwere Kette um ihren Hals. Anders als bei Hollywood-Divas hatte die aber nichts mit Schmuck zu tun.

Als die Managerin und Volunteer-Chefin Nenas und meine mitleidigen Blicke bemerkte, fügte sie eilig hinzu: »Keine Sorge, die Ketten tun ihr nicht weh.«

Der Anblick war tatsächlich etwas traurig.

Statt frei im Dschungel herumzulaufen, trug Lakshmi um den Hals eine schwere, mit dem linken Vorderbein verbundene Metallkette.

»Die ist nur zur Sicherheit«, erklärte die Britin routiniert. Es klang, als ob sie diesen Satz mehrmals am Tag runterbetete. Tatsächlich fanden sich auf Bewertungsportalen im Internet unzählige besorgte Einträge von Besuchern der Stiftung – und darunter stets die mantraartige Erklärung, die auch ich zu hören bekam. Die Ketten, die etwa sechzig Kilo wiegen, tun den Elefanten, die locker das Zehnfache tragen können, nicht weh. Es ist eine uralte Methode der Mahuts, um Elefanten zu kontrollieren. Die Ketten sind so ausbalanciert, dass der Mahut ein ausbrechendes Tier mit einem Haken in den Griff bekommen kann. Da die Kette um den Nacken mit einem Vorderfuß verbunden ist, bringt ein heftiger Zug mit dem Haken das Tier im Notfall zum Stehen.

So stellte ich es mir jedenfalls vor und hoffte, es nie herausfinden zu müssen. Wie auch immer seien die Ketten, sagte die Chefin, für die Sicherheit der Touristen und

Volunteers absolut notwendig. Denn ein außer Kontrolle
geratener Elefant kann für Menschen schnell tödlich sein.
»Aber für uns Ausländer ist der Anblick mit den Ketten
natürlich nicht schön«, räumte sie ein.
Jup, dachte ich einerseits, war andererseits aber auch
froh, nicht als Pfannkuchen zu enden.

Ein anderer Touristenaufreger waren die speerartigen
Holzstäbe der Mahuts, genannt Ankus, inklusive Eisenhaken und -spitze.
Die Spitze sei nicht spitz, sondern stumpf, beruhigte
die Britin. Nicht zum Quälen der Tiere, sondern zum
Kontrollieren. Und zwar über Dutzende Druckpunkte
am massigen Elefantenkörper.
Eine Infotafel im Elefantenmuseum erklärte, dass Elefanten neunzig Druckpunkte haben, die Teil des Nerven-
systems sind. Ein guter Mahut kennt die sogenannten Nila-Punkte im Schlaf. Zum Beispiel Punkt fünfundvierzig,
direkt am Hintern über dem Schwanz, der das Tier zum
Vorwärtslaufen bewegt. Oder Punkt Neunundzwanzig
am oberen Vorderbein, der den Elefanten stoppt. Es gab
sogar Nilas, die die Riesen erschreckten und laut trom-
peten ließen. Besonders wichtig, und nur für den Notfall,
waren Druckstellen über dem Auge. Die konnten einen
außer Kontrolle geratenen oder angreifenden Elefanten
sofort beruhigen. Und dann erwähnte die Infotafel noch
geheime Nila-Punkte, die »zur Sicherheit der Elefanten«,
nicht verraten werden durften. Das klang äußerst mys-
teriös. Ich stellte mir vor, dass die grauen Giganten sich

beim Drücken dieser Punkte sofort in Seifenblasen verwandelten und in den Himmel entschwebten.

Seifenblasen hätten wenigstens gut gerochen.

Voller Eifer stach ich mit dem Spaten in Lakshmis braune Kotberge und schleuderte sie soweit ich konnte den Hang hinunter. Wenigstens gab das guten Dünger für den Boden. Neben mir griffen Nena und eine blonde Dänin mit Plastikhandschuhen direkt in die Kacke und warfen sie wie beim Kugelstoßen in den Dschungel. Ihre dunkelgrünen Volunteer-Shirts sahen mit den braunen Kotflecken aus wie mit militärischen Flecktarnmustern bedruckt. Trotzdem strahlte im verschwitzten Gesicht der Dänin ein Lächeln.

»Ist das nicht einfach wunderbar?«, fragte sie völlig ironiefrei.

Ihr machte das Reinigen von Lakshmis Schlafstelle – eine mit Blättern ausgelegte Stelle, auf welcher die Elefantin an einen Baum gekettet die Nacht verbrachte – genauso viel Freude wie das Füttern. Ausgewachsene Elefanten fressen pro Tag zweihundert Kilogramm. Bei uns bekamen sie Blätter von Palmen, Jackfruchtbäumen sowie Rinde, Bananen, Ananas, Gurken, Mais und Kürbisse.

»Daha!«, tönte hinter mir die kreischige Stimme von Mahut Kalu. Der Befehl für »Vorwärts«.

Doch Elefantendame Lakshmi setzte sich erst nach einem weiteren »Daha!« und einer drohenden Bewegung mit dem Stab widerwillig in Bewegung. Die Ketten um ihren Hals klirrten, der Boden schien unter ihren stampfenden Beinen zu beben.

Und noch mal: »Daha!«

Ich lehnte den Mistspaten an einen Baum und folgte zusammen mit Nena dem ungleichen Paar in sicherem Abstand.

»Viel Spaß!«, rief die Dänin und machte pflichtbewusst weiter die Schlafstelle sauber.

Voller Vorfreude folgte ich der Elefantin und ihrem Mahut über die unbefestigten Pfade des Geländes, heraus aus dem Dschungelbereich, vorbei an der schicken Kolonialvilla, dann über die kleine Brücke am Fluss und hinunter ans Ufer.

»Ho!«, kreischte Kalu den Befehl für Stopp.

Nun begann der für mich mit Abstand schönste Teil als Elefantensitter: das Waschen. Ganz ohne zu murren, tuckelte Lakshmi ins schlammig-braungrüne Wasser. Sie hob den Rüssel und schwang ihn voller Elan einmal durchs Wasser, sodass eine spritzige Fontäne auf den kleinen Singhalesen herabregnete. Doch diesmal war Kalu nicht sauer, sondern lachte laut und spritzte im Gegenzug seinen Elefanten an. Das Waschen schien der Lieblingsteil aller Beteiligten zu sein.

Schließlich kniete sich Lakshmi zu Boden, fiel mit einem lauten Platsch seitlich ins Wasser und lag wie eine graue, faltige Insel in dem etwa einen halben Meter tiefen Fluss.

Das war mein Signal.

Mit einer halben Kokosnussschale in der Hand watete ich auf die Elefanteninsel zu. Wie bei einem Wal lugte ein großes Auge hervor, dahinter ein glitschiger Berg. Mit einem Arm stützte ich mich auf Lakshmis Bauch und ließ mit dem anderen die Kokosnussschale über die Elefantenhaut kreisen, als ob ich einen Lkw wusch.

Anfangs hatte ich ja Bedenken gehabt, ob die kratzige Nuss dem Tier wehtat. Doch meine Volunteer-Chefin hatte nur gelacht.

»Elefantenhaut ist zwei bis drei Zentimeter dick. Das ist eine angenehme Massage!«

Lakshmi jedenfalls schien es zu genießen. Entspannt hob und senkte sich ihr Körper mit der Atmung. Nur wir Volunteers genossen es vielleicht noch mehr als sie. Jedenfalls bekamen Nena und ich das Grinsen nicht mehr aus den Gesichtern.

Neidisch beobachteten uns oben von der Brücke ein paar Touristen.

»Ich will auch, Papa«, quengelte ein kleines Mädchen auf Deutsch.

Tatsächlich durften Touristen die Elefanten gegen Geld waschen. Oder mit Obst füttern. Oder reiten.

Reiten?

Als Elefantenfreund kam mir das singhalesisch vor. Schließlich hatte ich gelesen, dass das für die Tiere die reinste Qual ist.

Doch auch dafür hatte die britische Volunteer-Chefin eine beschwichtigende Erklärung.

»Eine Qual«, erklärte sie energisch, »sind nur die Hodwahs. So was machen wir hier nicht.«

Hodwahs sind schwere Sattelkonstruktionen aus Holz oder Metall, die Elefanten zu Reittieren für bis zu sechs Touristen machen, oft geschmückt mit bunten Decken, um ein königliches Maharadscha-Feeling zu vermitteln. Für die Tiere ist die Erfahrung in der Tat wenig königlich, sondern verursacht Wunden und Rückenprobleme.

Auf dem Millennium-Gelände spazierten die Elefanten nur mit Decken und höchstens zwei Touristen auf dem Rücken herum – ein paar Hundert Meter vom Museum hoch zur Villa und wieder zurück.

»Wir bieten auch Spaziergänge neben Elefanten an«, sagte die Britin. Doch die seien leider weniger gefragt.

Abends saßen die Volunteers im Hof der Kolonialvilla um einen großen Esstisch herum. Die Nacht war schwül, die Sterne klar. In großen Metallschalen lagen Fritten und Salat.

Unter den zwölf Freiwilligen war ich das einzige männliche Exemplar. Offenbar war Elefantenarbeit bei Frauen besonders beliebt.

Die blonde Dänin schwärmte wieder vom inneren Glück, das ihr die Tiere schenkten. Eine japanische Business-Studentin nickte lächelnd. Eine junge kolumbianische Juristin verkündete, dass sie gerne noch einige Wochen länger geblieben wäre.

Nur ich war müde vom Elefantenmistschaufeln.

Nicht nur, dass die Volunteers hier hart arbeiteten und sich um die Elefanten kümmerten – sie bezahlten für eine Woche rund zweihundertsechzig Euro. Dafür bekam man einen Schlafplatz im Mehrbettzimmer und drei Mahlzeiten am Tag.

Aber alle Damen hier waren sich trotzdem einig, dass die Erfahrung unbezahlbar war.

Ich verschwieg ihnen, dass ich eigentlich Tiersitter geworden war, um billig die Welt bereisen zu können. Die Elefantenstiftung hatte daher ursprünglich nicht auf dem Reiseplan gestanden.

»Was hat euch überhaupt hierher verschlagen?«, fragte plötzlich die Dänin.

»Wir sind von der Zimtfarm geflogen«, antwortete Nena.

»Wie bitte?«

Und das kam so:

Noch keine zwei Stunden in Sri Lanka und schon steckten Nena und ich in einem gewaltsamen Handgemenge. Mitten im Zug. Wir fuhren von der Hauptstadt Colombo nach Bentota, einem kleinen Strandort an der Westküste. Dort wollten wir auf einer Zimtplantage tiersitten. Ein Hund, eine Katze und ein paar Pflanzen gießen – im Austausch für eine komfortable Tropenvilla.

So war es zumindest mit den Besitzern abgesprochen gewesen. Zu diesem Zeitpunkt wussten wir noch nicht, was noch alles schiefgehen konnte.

Es begann schon im Zug.

Reisebüros preisen Bahnfahren in Sri Lanka oft als Erlebnis an. Weil die alten Züge aussehen wie Altmetallwürmer, die sich vorbei an Teeplantagen über grüne Berge winden. Ohne Türen steht man am offenen Eingang, und der Fahrtwind streichelt durchs Haar. Und tatsächlich: Meine erste Zugfahrt in Sri Lanka war ein besonderes Erlebnis. Der anderen Art.

In dem überfüllten Wagen drängten sich die Passagiere in den Gängen. Ich stand neben Nena in einem Menschenknäuel, gefährlich nahe an einer offenen Tür. Draußen flogen Holzhütten und Palmen vorbei. Ein Herr im braunen Anzug mit Aktentasche hatte Stehplätze neben sich angeboten und präsentierte lächelnd seine weißen Zähne.

Der ist aber nett, dachte ich zunächst.

Dann brüllte Nena auf Spanisch los:»COCHINO! CERDO!« – SCHWEIN!

Verdammt, ein verkleideter Taschendieb, dachte ich und packte den Anzugtypen blitzschnell von hinten am Kragen. Geld, Pässe und Kreditkarte steckten in Nenas Handtasche. Auf keinen Fall durfte der Dieb entkommen.

Jetzt brach die Hölle los.

Der Dieb wollte mit aller Kraft entkommen. Derweil richteten sich alle Augen auf den großen, hellhäutigen Ausländer, der den kleinen Singhalesen am Kragen hatte. Aus allen Richtungen strömten Männer auf mich zu und riefen Worte in Sinhala, die ich nicht verstand.

Nena brüllte weiter auf Spanisch: »Schwein, Schwein, Schwein!«

Dazu schlug sie dem Dieb jetzt noch mit der Handkante auf den Schädel.

In diesem Tumult passierte es plötzlich: Der Dieb riss sich von mir los – und sprang aus dem fahrenden Zug. Ich sah nur noch, wie er kopfüber auf die Gleise fiel. Fassungslos starrten ihm alle hinterher. Und mir schossen zwei Gedanken durch den Kopf.

Erstens: Falls der Dieb sich bei dem Stunt das Genick gebrochen hatte, würde ich sicher in einer schmutzigen Gefängniszelle landen. Und zweitens: Pässe, Bargeld und Kreditkarte waren weg. Falls ich nicht in den Knast musste, konnten wir gleich den Zug zurück nach Colombo nehmen und zur Botschaft gehen.

Erst jetzt sah ich, dass Nena ihre Handtasche noch umhängen hatte.

Puh, atmete ich erleichtert auf und fragte: »Hat er was gestohlen?«

»Bist du blöd?«, blaffte sie mit wutrotem Gesicht zurück. »Das Schwein wollte doch nichts stehlen.«

Ich verstand gar nichts mehr. Nur langsam machte es Klick.

Aufgebracht berichtete Nena den anderen Fahrgästen und mir, was geschehen war. Sie hatte plötzlich eine sanfte Berührung am Arm gespürt. Wie einen Wurm. Als sie neben sich blickte, grinste der Anzugtyp mit weißen Zähnen. Als sie nach unten sah, hielt er seinen Schniedel in der Hand und masturbierte.

Kurze Stille im Zug.

Dann erklärte ein Singhalese mit Schnurrbart feierlich: »Im Namen aller Männer Sri Lankas möchte ich mich entschuldigen. Aber kranke Kerle gibt es in jedem Land.« Langsam und murmelnd löste sich die Menschentraube um uns herum auf. Der Zug rollte weiter, als wäre nie etwas passiert.

Eine blonde Touristin aus Russland stand uns gegenüber und sagte, sie habe mal im »Tuk-Tuk« gesessen und der Fahrer habe sich beim Fahren einen runtergeholt.

Wo waren wir hier bloß gelandet?

Sri Lanka liegt rund dreißig Kilometer von der indischen Küste entfernt. Einundzwanzig Millionen Menschen leben hier, drei Viertel davon sind Buddhisten. Die Insel zählt zu den artenreichsten Gebieten der Erde und ist unter anderem Heimat für Elefanten, Affen, Krokodile und Leoparden. Aus der Perspektive der zahllosen Vogelarten sähe Sri Lanka aus wie ein Smaragd im Indischen Ozean. Unzählige Grüntöne, die sich in Form von Gräsern, Bäumen und anderen Pflanzen über Hügel, Berge und Täler erstrecken.

Es ist kein ungefährliches Paradies. 2004 forderte ein Tsunami unter den Menschen viele Tausend Todesopfer. Und noch bis 2009 tobte ein Bürgerkrieg gegen die hinduistische Minderheit im Norden.

Inzwischen lockt das »Land der Löwen«, wie Sri Lanka übersetzt heißt, mit Traumstränden und Spa-Hotels wieder Touristen an.

Ob auch der masturbierende Anzugträger Buddhist war?

Falls ja, hatte ihn sicher sein Karma aus dem fahrenden Zug geworfen. Ich hoffte trotzdem, dass er noch lebte, und war froh, dass die weitere Fahrt ohne Peniszwischenfälle verlief.

Am Nachmittag waren wir am Ziel angekommen und standen auf der Zimtplantage unserer deutschen Gastgeber. Es war so heiß und feucht, dass meine Haut wie Honig klebte. Aus dem Dschungel schallte Affengebrüll, und ein drachenartiger Bindenwaran stapfte zwischen den Zimtbäumen hindurch.

Derweil schnüffelte ein weniger exotisches Tier an meinem Fuß.

Der singhalesische Einheits-Straßenhund sah überall im Land gleich aus: drahtiger Körper auf schlanken Beinen, lange Schnauze und Schlabberohren, bedeckt von kurzem hellbraunen Fell. Dieses Exemplar hier hieß Pumba und war der Plantagenhund.

Dann stand da noch ein menschlicher Hüne mit uns im Zimt.

Mit dunkler Haut, langen schwarzen Haaren und zahlreichen Tattoos auf dem nackten Oberkörper sah er aus wie der Barbar Khal Drogo aus *Game of Thrones*.

Nur dass dieser Drogo nicht vom weiten Wiesenland jenseits des Meeres kam. Sondern aus Darmstadt. Als dienstältester Volunteer gab er uns eine Einführungstour.

Die Plantagenbesitzer hatten uns zwar eigentlich als

Haus- und Tiersitter angelockt. Doch das Gebäude war bei unserer Ankunft schon von Volunteers bewohnt. Und die wussten erstens nichts von unserer Ankunft. Und hatten zweitens keine Ahnung, was ein Tiersitter sein soll. »Aber kein Problem«, hatte Drogo gesagt. »Dann seid ihr jetzt einfach auch Volunteers.«

Dann führte er Nena und mich über die Plantage und erzählte die Geschichte vom Baggerfahrer.

Drogos kräftiger Arm schob einen Zimtzweig beiseite und zeigte auf einen etwa zwölf Meter tiefen Abgrund. Wie Riesenpopel lagen da unten ein paar Felsbrocken im Dreck. »Das sollte mal eine Mauer für ein Wasserbecken werden«, sagte er. »Aber der Baggerfahrer ist durchgedreht.«

Vor Wut habe der Singhalese das eigene Werk zerstört und alle Kollegen in der Region gewarnt, nie für die Deutschen zu arbeiten.

Ich völlig empört: »Aber warum denn?«

Schließlich hätte der vermutlich buddhistische Baggerfahrer wissen müssen, dass Wut das schlimmste Karma erzeugt.

»Weil«, erklärte Drogo, »er fünfzig Arbeitsstunden bezahlt haben wollte.« Die Riegels hätten aber nur die Hälfte gezahlt.

Wahnsinn, dachte ich, auch noch Gier. Was für ein furchtbarer Mensch. Diese armen Riegels. So hieß die deutsche Familie, denen diese Zimtplantage gehörte.

Wie konnte ich ahnen, dass ich bald selbst zum wütenden Baggerfahrer mutieren würde? Und genug böses Karma für zehn Zugstürze produzieren sollte.

Doch der Reihe nach.

Auch nach einer Woche auf der Plantage kannte ich meine deutschen Gastgeber nur vom Skype-Bildschirm. Eine Dame um die fünfzig und ihre zwei erwachsenen Töchter. Sie lebten nicht mit uns im Dschungel. Sondern in einer luxuriösen Strandvilla in der Nähe von Bentota, die sie gleichzeitig als Gästehaus betrieben.

Unser Heim war das Gegenteil davon: ein nackter Rohbau, der sich grau wie eine Festung über die Zimtbäume erhob. Unverglast ging ein großer Küchen-Wohnbereich in den Dschungel über. Immerhin hatten wir einen fantastischen Rundumblick auf die tropische Landschaft. Wir kochten in einer trostlosen Beton-Küche, schliefen in Betten unter löchrigen Moskitonetzen und kackten in eine wasserlose Kompost-Toilette.

Das Modernste am Rohbau war die im Waschmaschinenraum gelegene Zentrale einer Überwachungsanlage. Dort zeigte ein Monitor ein Livebild von mehreren Kameras, die rund ums Haus installiert waren. Willkommen bei Big Brother Sri Lanka.

Weil die Plantagenbesitzer bezahlte Führungen für Touristen anboten, lag auch bebildertes Infomaterial aus. Dort erfuhr man, dass die Deutschen 2012 das etwa einen Hektar große Gelände samt Zimtbäumen gekauft hatten. Heute sei alles ein »Permakultur-Garten«.

Permawas? Ich kannte ja noch Bio. Aber was war Perma?

Perma sei noch besser als Bio, versprach das Infoblatt. Eine Vielzahl von Blumen, Obst, Gemüse und Gewürzpflanzen würden sich gegenseitig Nährstoffe liefern und den Boden permanent fruchtbar halten. Ganz ohne Chemie.

Laut Infoblatt konnte der Permakultur-Garten zwölf Personen ernähren und war ein Modell für ganz Sri Lanka. Doch in der Realität konnte der Garten nicht mal Pumba ernähren.

Wie ein roter Teppich lag harter Lehmboden um den Rohbau. Darauf welkten ein paar Pflanzen und Gräser vor sich hin. Nur die Zimtbäume wuchsen und gediehen.

Khal Drogo, der seit einem Monat hier lebte und die Riegels gut kannte, erklärte, dass viele Nutzpflanzen eingegangen seien. Denn der Zimt habe dem Boden alle Nährstoffe entzogen. Und dann sei auch noch der letzte Monsun ausgeblieben.

Also mussten wir Volunteers die Lage verbessern.

Zum Glück kannte Drogo sich mit Terraforming aus.

Denn daheim in Darmstadt baute er Cannabis im Badezimmer an.

Hier in Sri Lanka hatte er im Garten eine Kräuterspirale errichtet, auf der Minze, Petersilie und Schnittlauch wuchsen. Allerdings kein Cannabis.

»Das hab ich auf der Plantage versteckt«, grinste der Hüne. Seiner Meinung nach bot der singhalesische Markt großes Potenzial für deutsches Qualitäts-Cannabis. Zwar ist die Droge in Sri Lanka illegal, aber überall anzutreffen. Sogar ein Tuk-Tuk-Fahrer in Bentota hatte mir einen Joint angeboten.

Na toll, dachte ich. Nicht nur, dass ich einen Masturbierer aus einem fahrenden Zug gedrängt hatte. Jetzt arbeitete ich auch noch mit einem Drogendealer auf einer Plantage. Mein Platz in einer singhalesischen Gefängniszelle schien mir immer sicherer.

Drogo zeigte mir, wie ich Hochbeete und Terrassen anlegen und mit Komposterde füllen konnte. Bald stand ich jeden Morgen nach Sonnenaufgang mit Spaten und Hacke im Garten und ackerte, bis die Mittagssonne jede körperliche Anstrengung unmöglich machte. Plantagenhund Pumba half mit Schwanzwedeln.

Und so vergingen die Tage im Dschungel so schnell, wie der singhalesische Adler fliegt.

Wir lebten zu fünft im Rohbau.

Neben Khal Drogo, Nena und mir waren da noch Carla, eine Katalanin aus Barcelona, und Maurice, ein Franzose aus Toulouse.

Carla war Anfang zwanzig, hatte lockige braune Haare und machte oft mitten im Wohnbereich Yoga. Sie liebte Harmonie und wollte Weltfrieden.

Ähnlich wie Maurice, der aber Meditation bevorzugte und oft stundenlang im Schneidersitz auf seinem Bett saß. Mit drahtiger Figur und Halbglatze sah der Dreißigjährige nicht nur aus wie ein Mönch, sondern benahm sich auch so. Stets lächelte er gütig und kannte keine Aggression.

Mit uns lebten noch einige tierische Mitbewohner auf der Zimtplantage. Neben Hund Pumba war da noch ein orange-getigertes Straßen-Katzenbaby, das wir Tsunami getauft hatten. Tsunami sah zwar süß aus, nervte aber alle mit seinem markerschütternden Miauen, das durchaus beeindruckend wie eine Bohrmaschine dröhnte.

Ebenfalls sehr lautstark waren die Eichhörnchen. Schon in den ersten Tagen hatte ich mich über die nie enden wollenden Fiepstöne aufgeregt, die mich jeden Morgen aus dem Schlaf rissen. Piep. Piep. Piep. Piep. Piep. Piep. Piep ... Es war gnadenloser als jeder Wecker. Als ich aus den glaslosen Fenstern des Rohbaus die umliegenden Bäume nach dem Störenfried absuchte, vermutete ich einen Vogel. Doch der Vogel hatte einen pelzigen langen Schwanz, dunkle Streifen im braunen Fell und war ein Gestreiftes Palmenhörnchen.

Dann waren da noch die Hutaffen. Die kleinen hellbraunen Primaten mit der vorstehenden rosa Schnauze hießen hier auch »Banditenaffen«. Weil sie schon mal in großen Trupps von bis zu hundert Tieren über die Dächer rannten und Ziegel zerstörten oder den Menschen ihr Obst von den Bäumen klauten. Ich sah sie zum Glück nur einzeln oder paarweise, meist rüttelten sie eine der vielen Kokospalmen durch.

Gleich vor dem Rohbau stand zudem ein kleiner Kasten mit drei Hühnern. Deren frische Eier lockten wiederum einen massigen Bindenwaran an, der jederzeit wie aus dem Nichts aus dem Zimtdickicht hervorstapfen und wieder darin verschwinden konnte. Deshalb mussten wir Volunteers ständig auf der Hut sein, um den Waran notfalls zu vertreiben. Ich taufte ihn Bernd.

Bindenwaran Bernd war etwa einsfünfzig lang und sah im Prinzip aus wie ein kleiner Drache ohne Flügel. Zwar nicht ganz so groß wie die über drei Meter langen Komodowarane auf den Sundaiinseln, aber doch deutlich größer als die Eidechsen, die ich auf La Gomera im Garten gesehen hatte. Bernds Haut war dick und grau geschuppt mit hellen und dunklen Flecken. Zuhause in Deutschland wäre wahrscheinlich die Hölle los, wenn plötzlich überall gefräßige Drachen wie Straßenhunde herumlaufen würden – doch hier in Sri Lanka war das völlig normal. Bindenwarane sind Fleischfresser, erfreuen sich aber auch am Müll der Menschen. Man findet die anpassungsfähigen Echsen beinahe überall in Südostasien. Sie können nicht nur laufen, sondern auch auf Bäume klettern und schwimmen. Oft sah ich sie behäbig über die Straße stapfen, sodass Tuk-Tuks abbremsen mussten. Zu Menschen hielten sie allerdings Abstand und flüchteten sich im Zweifel lieber in ein Erdloch. Genau wie Bernd, den ich zwar oft zwischen den Zimtbäumen suchte, aber nie fand.

Während abends Gewitter für Abkühlung sorgten und der Regen auf das Rohbaudach prasselte, kochten wir vegane Reisgerichte und diskutierten über das Leben.

Vor allem Drogos Geschichte ließ niemanden kalt.

Es war kein Wunder, dass der dunkelhäutige Hüne mit den langen schwarzen Haaren mehr nach singhalesischer Krieger als nach Darmstadt aussah. Er war in Sri Lanka, um seinen Vater zu finden. Erst vor Kurzem hatte ihm seine deutsche Mutter erzählt, dass er der Sohn eines singhalesischen Beachboys sei. So hießen junge, mittellose Männer, die Affären mit reichen Touristinnen begannen, um ihnen das Geld aus der Tasche zu ziehen. Drogo fand den Vater auf Facebook, schrieb ihn an und – nichts.

»Mein Vater will nichts von mir wissen, ich bin der Beweis seiner Schande«, klagte der Riese, als wir eines Abends am Küchentisch saßen.

Nur die Halbgeschwister freuten sich über den neuen Bruder aus Deutschland. Jeden Tag schwang sich Drogo auf seinen Motorroller und fuhr zu ihnen ins fünfzehn Kilometer entfernte Bentota. Dort besuchte er auch die Riegels in ihrer Strandvilla, wo er auf der Suche nach seinem Vater zunächst ein Zimmer gemietet hatte. Er verstand sich so gut mit ihnen, dass sie ihm einen permanenten Schlafplatz im Plantagenrohbau gegeben und ihn mit der Aufsicht über die Volunteers betraut hatten. Leider hatte Drogo auf so viel Verantwortung keine Lust und schimpfte stattdessen regelmäßig:»Ich bin doch kein Chef!«

Oft wurde es am Küchentisch politisch.

Nena hatte sich mit den zwei Singhalesinnen angefreundet, die auf der Plantage arbeiteten. Jeden Vormittag kamen Dinusha und ihre Tante Nishi durchs Tor spaziert. In singhalesischen Gewändern gossen sie für ein paar Stunden die Zimtbäume und zupften Unkraut. Dass wir als Volunteers freiwillig ohne Bezahlung arbeiteten, war für sie völlig unverständlich.

Ähnlich wie in Indien gibt es in Sri Lanka Kasten: Die Zugehörigkeit zur Familie gibt den Beruf vor. Nishi und ihre Verwandten hatten bei der Geburt Pech gehabt. Sie besaßen selbst kein Land, mussten aber das von anderen beackern, wenn sie Geld verdienen wollten. Ihr Tageslohn lag umgerechnet bei rund vier Euro. Nena berichtete uns, dass sich die beiden nicht gut behandelt fühlten. Die Überwachung mit Kameras störte sie. Auch dass sie oft auf den Lohn warten mussten. Und das Schlimmste: Die Deutschen lächelten nie und gaben nur Kommandos.

»Ausbeuter sind das!«, schimpfte Nena, die zwei Idole hatte: Che Guevara, den Revolutionär aus Kuba, und Xena, die Kriegerprinzessin aus der TV-Serie. Gerade war sie im Che-Guevara-Modus. In Sri Lanka dürfe man sich als Europäer nicht so aufspielen, meinte sie. Schließlich sei die Insel jahrhundertelang – damals noch unter dem Namen Ceylon – von ihnen beherrscht worden; zuerst von den Portugiesen, dann von den Holländern und schließlich von den Briten. Die Europäer gierten vor allem nach Tee, Kaffee und Gewürzen wie Zimt für den heimischen Markt. Erst seit 1948 ist das Land unabhängig.

Als Nena mit ihrer Schimpftirade fertig war, hielt Drogo dagegen.

Ohne die Kameras werde leider geklaut. Und den Lohn erhielten die Arbeiterinnen nach Leistung. In Sri Lanka müsse man aufpassen, dass man nicht betrogen wird – wie ja die Geschichte mit dem ausgerasteten Baggerfahrer zeige.

Allerdings musste selbst Drogo einräumen, dass die deutschen Damen in der Gegend keinen guten Ruf genossen. Sogar seine singhalesischen Halbbrüder warnten ihn: Halte dich bloß fern von diesen Deutschen!

Der Hüne hatte dafür eine Erklärung. »Sie waren anfangs zu naiv.«

Als gute Nachbarn hatten sie beim Einzug eine große Feier ausgerichtet und alle aus dem Dorf eingeladen. Das sei das Blödeste, was man in Sri Lanka machen kann, fanden Drogos Brüder. Denn wenn keine weiteren Feiern mehr folgen, sind die Dorfbewohner beleidigt.

Franzose Maurice erhob nur selten die sanfte Stimme. Er war das Gegenstück zur kämpferischen Kanarin. Zorn und Aggression kannte er nur als Feinde der Erleuchtung. Trotzdem sagte er jetzt: »So eine negative Energie wie hier habe ich noch nie erlebt.« Maurice war ein Work & Travel-Veteran und gerade auf Weltreise. Es sei üblich, dass man mit seinen Gastgebern unter einem Dach lebe, weil es ebenso um den kulturellen Austausch wie ums Arbeiten gehe. Auch fand er es eine Frechheit von den Riegels, dass die Volunteers ihr eigenes Essen kaufen mussten.

Mir schwirrte der Kopf.

Was sollte ich von den Riegels halten?

Waren sie herzensgute Damen in einer feindlichen Umgebung, wie Drogo meinte. Oder gierige Ausbeuter, wie Nena glaubte?

Pumba war es egal. Er liebte alle Menschen. Seine lachenden Augen und der wedelnde Schwanz zeugten von einem Zustand der Erleuchtung, den nicht mal Maurice erreichen konnte.

Derweil fuhren Nena und ich erst mal zum Strand.

Ich konnte eine Abkühlung vom schweißtreibenden

Plantagenalltag gebrauchen, und schließlich war Sri Lanka für seine tropischen Traumstrände berühmt. Aber wie kamen wir hier aus dem Dschungel weg? Leider hatten wir keinen Scooter wie Drogo.

»Nehmt den Bus«, sagte er. »Ist ganz einfach.« Tatsächlich gab es in einigen Hundert Metern Entfernung eine Haltestelle, und alle dreißig Minuten sollte ein Bus kommen, der uns zur Küste bringen würde. Nach einer Dreiviertelstunde Warten in der Mittagshitze kam tatsächlich einer. Laut, bunt und ohne Türen. Der Fahrer bremste nur etwas ab, damit wir aufspringen konnten.

Ähnlich wie Zugfahren ist auch Busfahren in Sri Lanka ein Erlebnis. Das liegt vor allem an der ohrenbetäubenden singhalesischen Popmusik, die aus den Lautsprechern dröhnt – und an den TV-Schirmen, die dazu passende Musikvideos mit zappelnden Menschen zeigen. Und egal wie voll der Bus ist (meistens übervoll), sind in der ersten Reihe immer Sitze für buddhistische Mönche reserviert, die kahlköpfig im orangen Gewand selbst neben klapprigen Greisen und stehenden Schwangeren unbeteiligt aus dem Fenster schauen.

»Verdammte Mönche«, zischte Nena, die sich stehend und eingeklemmt zwischen einer ganzen Schulklasse mit aller Kraft im wackelnden Pop-Bus festhielt.

Irgendwann waren wir endlich am Strand.

Und zwar nicht an irgendeinem, sondern dem »Schildkrötenstrand«. Ich hatte davon in einem Reiseführer gelesen und wollte unbedingt dorthin.

Der Nomen ist nämlich Omen, jeden Tag kamen mehrere große Meeresschildkröten direkt an den Strand geschwommen.

Und tatsächlich: Kaum hatten wir den goldenen Sand zwischen den Zehen, da sah ich die braungrünen Panzer wie kleine Inseln im türkisblauen Wasser schwimmen. Ich watete in den Indischen Ozean, begab mich in Schwimmposition und steuerte direkt auf eine zu.

»Ey!«, brüllte eine viel zu hohe Männerstimme.

Erschrocken drehte ich mich um.

»Du erst bezahlen«, befahl auf holprigem Englisch vom Ufer aus ein drahtiger Singhalese mit schwarzem Zopf.

Wie, bezahlen? Das war ein öffentlicher Strand.

Der Fremde wedelte mit einer algenartigen Wasserpflanze.

»Essen!«

Doch da lief schon ein bleicher, dickbäuchiger Urlauber auf den Mann zu, drückte ihm Rupienscheine in die Hand und nahm die braune Pflanze entgegen.

Damit schwankte der Dicke ins Wasser und wedelte mit der Pflanze.

Schwups kam eine große Schildkröte auf ihn zugeschwommen und reckte ihren Kopf mit offenem Maul heraus. Das Gesicht erinnerte an den Film-Außerirdischen E.T. Genüsslich schnappte das Panzertier dem Urlauber die Pflanze aus der Hand.

Jetzt geriet die Situation leicht außer Kontrolle.

Der Urlauber, ein Russe, begann den Panzer zu streicheln und bedeutete seiner Frau, Fotos zu machen. Die kam aufgeregt mit dem Smartphone am Selfiestick ins Wasser, und die beiden begannen, vor der Schildkröte zu posieren, als wäre die ein Hollywoodstar.

»Putin hat sicher noch keine Schildkröte«, freute sich der Russe in Anspielung an seinen Staatspräsidenten, der für seine zahlreichen Heldenfotos mit wilden Tieren bekannt ist.

Vom Ufer aus kam nun ein ganzes Rudel Russen mit Kameras auf die Schildkröte zugelaufen.

»Ey! Nicht! In Ruhe lassen!«, kreischte der Zopf-Singhalese, sodass die Touristen erstarrten. Derweil schwamm die Schildkröte wieder ein paar Meter tiefer in den Ozean hinein.

Nena und ich beobachteten das Schauspiel schwimmend vom Wasser aus. Links und rechts leisteten uns bald zwei andere Schildkröten Gesellschaft.

Derweil hatte der Singhalese das Interesse an uns verloren, sein Schlingpflanzenfutter konnte kaum die Nachfrage der Russen bedienen.

Ich war neugierig. Was machte der Typ hier? Er hatte auch noch zwei Freunde dabei, die ebenfalls Krötenfutter an Touristen verkauften.

»Wir kommen seit fünfzehn Jahren«, sagte der Zopfträger. »Beschützen die Schildkröten«, fügte er hinzu, während er seine Rupien zählte.

Jaja, genau, dachte ich.

Dabei könnten Meeresschildkröten tatsächlich Schutz gebrauchen, denn sie sind vom Aussterben bedroht.

Seit zweihundertfünfundzwanzig Millionen Jahren streifen die Tiere durch die Meere. Sie überlebten die Dinosaurier, Kontinentalverschiebungen – doch nun könnte der moderne Mensch ihr Ende sein. Obwohl sie überall streng geschützt sind, schätzen Experten, dass pro Jahr zweihundertfünfzigtausend Tiere in Fischernetzen landen.

Zudem bauen die Menschen die Küsten der Welt mit Hotels, Restaurants, Häusern und Straßen zu – deren Lichter noch dazu die hilflosen Schildkrötenjungen auf ihrem ersten Weg ins Wasser ablenken. Meeresschildkröten werden bis zu hundert Jahre alt und kehren zum Eierlegen immer wieder an ihren Geburtsstrand zurück. Die Mutter legt Hunderte Eier, schaufelt Sand darüber und kriecht zurück ins Wasser. Nach sechs bis zehn Wochen schlüpfen die Jungen und müssen nach Einbruch der Dunkelheit alleine ihren Weg ins Wasser finden. Beim Orientieren helfen ihnen nur die Reflexionen von Mond und Sternen auf den Wellen. Schon unter normalen Umständen überlebt nur eins von tausend Jungen, die leichte Beute für Vögel oder Krabben sind. Wenn nun auch noch Menschenlichter in den Nachthimmel leuchten wie Tausend-Watt-Spots in der Disko, laufen sie in die falsche Richtung und sterben.

Zum Glück hatten die Schildkröten hier bei uns im Wasser überlebt. Ich fragte mich, wie alt sie wohl waren.

Nena und ich wollten gar nicht mehr weg, doch wir mussten irgendwann wieder zurück auf die Zimtplantage.

War ja ganz einfach, mit dem Bus.

Denkste.

Denn zwar wusste ich unsere Liniennummer, mit der wir gekommen waren. Doch rückwärts funktionierte das System irgendwie anders. Während wir strandmüde an der Haltestelle warteten, kam ein bunter Pop-Bus mit unserer Nummer angerast. Doch da gab es plötzlich noch den Zusatz »/1«.

Und weil der überfüllte Bus nicht wirklich hielt, sondern nur kurz abstoppte, damit man durch die fehlende Tür aufspringen konnte, blieb keine Gelegenheit zum Fragen.

Nena brüllte den singhalesischen Namen der Haltestelle an der Zimtplantage. Der Fahrer nickte gelangweilt, was in Sri Lanka Nein heißt (Kopfschütteln entsprechend Ja). Ich vermutete aber, dass er einfach keine Lust hatte, Auskünfte zu erteilen. Auch die anderen Fahrgäste glotzten nur schweigend.

Das Ganze dauerte fünf Sekunden, da war der Bus samt singhalesischer Popmusik auch schon wieder abgedüst.

Eine halbe Stunde später kam wieder unsere Linie, diesmal mit dem Zusatz »/2«.

Dasselbe Prozedere.

Ich war dafür, einfach einzusteigen und das Beste zu hoffen. Doch Nena wollte nicht verloren im falschen Teil des Dschungels enden; womit sie auch wieder recht hatte. Zumal es langsam dunkel wurde.

Wieder eine halbe Stunde später – ich hatte den Zustand eines sonnenverbrannten Zombies erreicht – kam der Bus erneut, diesmal wieder mit dem Zusatz »/1«. Jetzt schrie der Fahrer eindeutig »No! No! No!«, räumte aber gleichzeitig ein, dass er von unserer Haltestelle noch nie gehört hatte. Fünf Sekunden später war der Bus wieder weg, und wir schwitzten immer noch an der Haltestelle. Nun kam der Moment der Tuk-Tuk-Fahrer. Schon lange hatte uns eine Gruppe kleiner Männer neben ihren roten und grünen Dreirädern beobachtet. Als bleichgesichtiger Ausländer mit – so glaubte jeder Singhalese – den Taschen voller Gold fiel ich genau ins Beuteschema.

»Das war der letzte Bus«, log einer mit schwarzem Schnurrbart. »Seid nicht dumm, ich fahre euch, wohin ihr wollt.«

»Wie viel?«

»Hundert Dollar.«

»Nein danke, wir warten lieber«, zischte Nena abweisend. Vor ihr hatten die Männer deutlich mehr Respekt als vor mir.

Zehn Minuten später kam der nächste Tuk-Tuk-Fahrer.

»Fünfzig Dollar.«

»Nein.«

Nach einer halben Stunde waren sie schließlich bei zehn Dollar angekommen.

Da es nun schon stockfinster war und wir immer noch nicht wussten, welcher der richtige Bus war, stiegen wir ein und tuk-tukten Richtung Zimtplantage.

Dort fiel ich mit roter, schmerzender Haut halb tot unters Moskitonetz.

Und am nächsten Tag waren sie auf einmal da, die Riegels. An einem heißen Mittag stieg Plantagenbesitzerin Claudia Riegel aus einem Tuk-Tuk. Eine attraktive Dame um die fünfzig. Weiße Bluse, grüne Shorts und ein breiter Sonnenhut über dem blonden Haar. Sie sah aus wie Hollywood-Diva Cameron Diaz, die ein Filmset mit Dschungelthema betrat. Zielstrebig schritt sie durchs Plantagentor, ignorierte die singhalesischen Arbeiterinnen, stieg die Rohbautreppe hinauf und stand verwirrt in der Küche. So musste die britische Queen gucken, wenn sie ihre Palastwache schlafend im Wachhäuschen erwischte.

Nena und ich tranken gerade Kaffee, Maurice meditierte, Carla machte Yoga, und Drogo lag mit Kopfhörern im Bett.

»Oh, hallo«, grüßte die Diva. »Arbeitet denn heute niemand?«

Nein, rutschte es mir fast raus, um diese Zeit nicht mehr. Es war nach zwölf und die Temperatur auf über dreißig Grad angestiegen. Deswegen arbeiteten wir nur frühmorgens und abends.

»Na ja, egal«, beruhigte sie sich. »Setzt euch erst mal alle an den Küchentisch. Es sind ja neue Gesichter hier.«

Vorstellungsrunde.

Endlich erfuhr ich mehr über meine Gastgeberin. Früher hatte Claudia als Zahnärztin in München gearbeitet. Bis sie vor einigen Jahren beschloss, mit ihren beiden Töchtern nach Sri Lanka auszuwandern, weil sie sich ein Leben im Einklang mit der Umwelt wünschte.

Weit weg von Deutschland mit seinen bürokratischen Vorschriften.

»Ich habe mir auch einen Hof in Ostdeutschland angeschaut. Aber da darf man ohne Genehmigung ja nicht mal einen eigenen Brunnen haben.« Da sie in Deutschland einige Immobilien vermietet hatte, konnte sie finanziell unabhängig leben. Zunächst kaufte sie die Zimtplantage, wo sie gemeinsam mit ihren Töchtern den Rohbau errichten ließ. Ihr Traum war ein Permakultur-Garten, der die Familie ernährte. Das Damentrio stellte den Zimt auf Bio um, und ein deutsches Öko-Start-up sollte den Export nach Deutschland übernehmen. Später kauften sie die Strandvilla, um Gäste an ihrem Traum im Paradies teilhaben zu lassen.

So lautete zumindest die Story, die wir den Touristen bei der Plantagenführung schildern sollten.

Unschöne Details, die wir von den anderen Volunteers erfahren hatten, verschwiegen wir besser.

Etwa, dass die Diva eine Affäre mit einem zwielichtigen Singhalesen geführt hatte, dessen Name in den Besitzurkunden für Plantage und Strandvilla stand. In Sri Lanka dürfen Ausländer nämlich keinen Grundbesitz erwerben. Deshalb musste jetzt immer jemand im Rohbau leben, damit der Ex-Liebhaber und seine Schergen ihn nicht in Besitz nehmen konnten.

Und dafür, dass Claudia ein Leben in Harmonie anstrebte, lag sie hier mit recht vielen Menschen im Streit. Bei dem deutschen Öko-Start-up erinnerte man sich mit

Schrecken an den Eklat vor Ort in Sri Lanka, als Claudia plötzlich mehr Geld für ihren Zimt verlangte.

Glaubte man Drogos Brüdern, verlor auch hier in der Gegend niemand ein gutes Wort über sie.

Damit nicht genug, sagte sie als Nächstes: »Gegen mich liegt ein Haftbefehl vor«, immer noch mit großem Strohhut am Küchentisch sitzend.

Wegen einer gefälschten Genehmigung für den Ausbau der Strandvilla. Die habe ein Bösewicht der blauäugigen Deutschen angedreht. Jedenfalls sei es gut, dass wir alle hier seien.

»Denn bei so vielen Westlern traut sich die Polizei nicht, mich festzunehmen.«

Ich verschluckte mich fast am Kaffee.

Besorgte Blicke huschten zwischen den Volunteers hin und her.

Dienten wir etwa als menschliche Schutzschilde?

Falls die Polizei auftauchen sollte, steckten alle in Schwierigkeiten.

Mal abgesehen von Drogos Cannabis: Niemand hier hatte ein Arbeitsvisum. Volunteering zählte für uns zum Reisen. Aber ob das die Behörden auch so sahen? Ich hatte keine Lust, es herauszufinden.

Nach langem Schweigen erinnerte sich Nena an Che Guevara und ergriff das Wort: »Bei Work & Travel ist es üblich, dass Volunteers auch was zu essen bekommen«, konstatierte sie und fragte: »Kannst du uns etwas Geld für die Woche geben? Dann können wir Reis und Gemüse kaufen.«

Die Diva wirkte so überrumpelt, als hätte gerade die Polizei die Plantage gestürmt und ihr Handschellen angelegt. »Also … äh … eigentlich machen wir das nicht«, stotterte sie. »Na gut … wie viel braucht ihr denn?«

Mit umgerechnet einem Euro pro Tag und Volunteer kosteten wir deutlich weniger als die Singhalesinnen. Frau Zahnarzt zog einen Rupienschein aus ihrer Handtasche und legte ihn auf den Küchentisch. Dann eilte sie verstört mit langen Schritten zum unten wartenden Tuk-Tuk und knatterte Richtung Strandvilla davon.

Alle waren sich nun einig: Claudia Riegel war zwar etwas schrullig, aber doch in Ordnung. Wenigstens keine langweilige Person.

Am nächsten Morgen klingelte der heiße Draht zur riegelschen Strandvilla: ein altes Festnetztelefon im Überwachungsraum.

Ich nahm den Hörer ab und hörte Claudias Stimme. Sie kam gleich zum Punkt. In ihr sei letzte Nacht das Gefühl gewachsen, die Volunteers würden sie nicht mögen. Das sei doch kein Zustand.

Noch bevor ich dementieren konnte, hatte sie einen Vorschlag: ein Grillabend in ihrer Strandvilla in ungezwungener Atmosphäre. Dann würden wir auch ihre beiden Töchter kennenlernen. Die Riegels wollten für gegrillten Fisch sorgen, die Volunteers sollten Salat mitbringen. Und zwar schon morgen.

Ein Tag am Strand mit anschließendem Grillfest bei der Luxusvilla?

Das klang fantastisch.

Nena reagierte weniger begeistert: »Die laden uns ein, aber wir sollen Essen mitbringen?«, schimpfte sie. »Da, wo ich herkomme, gehört sich so was nicht! Jetzt müssen wir morgen früh extra auf den Markt gehen, um Zutaten für Salat zu kaufen.«

Tatsächlich wurde der nächste Tag eine logistische Herausforderung.

Wir hatten noch Glück, dass Markttag im Dorf war. Frühmorgens standen wir zwischen Hunderten von Menschen in einem Wirrwarr aus Holzständen. Mit Bananen, Kokosnüssen, Mangos, Avocados, Fleisch und Fisch.

Zurück im Rohbau machten wir eilig Couscous-Avocado-Salat für acht Personen. Anschließend saßen wir mit Schüsseln im Bus nach Bentota. Schade, dass Pumba nicht mitdurfte. Aber einer musste ja die Plantage bewachen.

Nach der Erlebnis-Pop-Busfahrt standen wir vor der riegelschen Strandvilla.

Ich beneidete Drogo um seinen Motorroller. Der Hüne hatte die Single-Katalanin Carla mitgenommen – die dann auch das Metalltor öffnete. Allerdings mit einem Gesichtsausdruck, der für ein Grillfest völlig unangemessen war. Zugleich besorgt und verängstigt.

»Äh, ihr solltet was wissen …«, stotterte sie.

Doch ich hatte nur Augen für das Paradies, das vor mir lag.

Ein mit Kokospalmen bespickter Garten, der Rasen grün und kurz.

Europäer chillten in Hängematten, tranken frischen

Obstsaft oder spielten Beachvolleyball. Wie ein Juwel strahlte die weiße Strandvilla der Riegels über allem. Sie sah aus wie eine Luxusvariante unseres Rohbaus auf der Plantage. Nur größer, mit einer umlaufenden Veranda, verglasten Fenstern und weißem Putz statt grauem Zement. Drinnen standen handgefertigte Möbel auf edlem Holzboden.

Nur wenige Meter vor mir erstreckte sich der Indische Ozean bis zum Horizont. Funkelnd von Tiefblau bis leuchtend Grün. Rhythmisch plätscherten die Wellen an den Sandstrand, der direkt an den Garten grenzte. Angesichts dieses Traumbildes wollte ich sofort hineinspringen. Ich stellte die Salatschüssel auf der Veranda ab, zog mir das verschwitzte Shirt vom Leib, rannte mit offenen Armen Richtung Wasser und – Claudia schob sich zwischen mich und meinen Ozeantraum.

Mit ausdruckslosem Gesicht sagte sie: »Da seid ihr ja endlich. Alle an den Tisch, aber sofort.«

War sie ausgehungert und wollte sofort essen? Ich holte besser die Salatschüssel.

»Das Essen fällt aus«, donnerte sie. »Die Köchin hat schon Feierabend, und wir haben keine Lust auf den Abwasch.«

Ich schielte zu Nena und befürchtete, dass sie Claudia den Couscous-Avocado-Salat ins Gesicht knallen würde. Stattdessen fragte sie eisig, was wir denn am Tisch sollten.

Claudia führte uns um die Veranda, weg von den Urlaubern, zu einem Holztisch. Dort saß bereits Drogo mit ernster Miene. Aber nicht so ernst wie die der zwei jungen Frauen mit roten, gelockten Haaren und Sommersprossen in den blassen Gesichtern.

Das mussten Claudias Töchter sein.

Die jüngere hieß Ronja, war achtzehn und trug eine burschikose Latzhose. Die ältere war Mitte zwanzig, hieß Sophie und wirkte im weißen Kleid wie eine Prinzessin.

Nun saßen sich alle gegenüber.

Eine gefühlte Ewigkeit lang sagte niemand was.

Drogo und Carla schauten ausweichend auf den Boden, Maurice lächelte gütig, und Nena lieferte sich mit den eisig starrenden Töchtern ein Blickduell.

Ich vermisste Pumba.

Schließlich schnitt Claudias Stimme wie ein Messer durch die Stille: »Also, wir wollten mit euch über die Negativität sprechen, die ich von euch fühle. Jetzt sagt mal jeder der Reihe nach, was er gegen uns hat.«

Ich war baff. Statt Fisch vom Grill bekamen wir ein Tribunal serviert.

Die harmonieliebende Carla stotterte los, dass das doch wohl ein Missverständnis sei.

Drogo insistierte, dass die Riegels wie eine Familie für ihn seien.

Und ich meinte, dass wir im Gegenteil sehr dankbar seien, da wir ja nun ein Wochenbudget für Verpflegung hätten.

»Wieso glaubt ihr eigentlich, dass ihr von uns was zu essen erwarten könnt?«, schmetterte mir Zimtprinzessin Sophie entgegen. Wir hätten ihre gutherzige Mutter überrumpelt und ihr das Geld aus der Tasche gezogen.

Nena platzte der Kragen. »Wir sind doch nicht eure Sklaven!«

»Ja, dann geht doch, wenn es so furchtbar ist«, sagte die Zimtprinzessin kalt.

Ein guter Punkt. Schließlich zwang uns niemand, auf der Plantage zu bleiben.

Doch wo sollten wir hin?

Die Rückflüge waren noch fern, und das Budget von Volunteers ist klein. Außerdem gefiel mir das romantische Kommunenleben im Dschungelrohbau, und die körperliche Gartenarbeit war erfüllender als jeder Bürojob.

Jetzt erklang sanft wie ein Sommerwind die französische Zunge von Maurice. Ihn schätzte Claudia am meisten, weil sie fließend Französisch sprach. Doch nun erteilte er ihr *en français* ein vernichtendes Urteil.

Der Sinn von Work & Travel sei es, französelte Maurice, dass Gastgeber und Volunteers zusammen leben. Es gehe um kulturellen Austausch auf Augenhöhe. Auf ihrem Internetprofil hätten sie versprochen, er werde als Volunteer wie ein Familienmitglied behandelt. Das stimme nur, falls die Riegels ihre Familienmitglieder wie Aussätzige behandelten und verhungern ließen. Sie mögen ihre Strandvilla und die Zimtplantage ja als spirituelle Orte und sich selbst als Menschenfreunde betrachten, aber in Wahrheit gehe es ihnen nur ums Geld. In der Welt der drei Damen zähle nur das eigene Wohlergehen. Andere Menschen seien ihnen egal. Er sei jedenfalls enttäuscht, und er reise jetzt weiter nach Indien, um bei einem Sitarmeister das Spielen der Langhalslaute zu lernen.

Bähm. Das saß.

Der Grillabend endete im Eklat.

Am nächsten Morgen stand Ronja Riegel im Garten. Die Hose Latz, der Blick finster. Unsere Gastgeber hatten offenbar beschlossen, dass ihre rebellischen Volunteers Aufsicht benötigten.

Obwohl Ronja erst achtzehn war, fürchteten sich die singhalesischen Arbeiterinnen vor ihr am meisten. Kaum eingetroffen, begann der Teenager Kommandos zu geben: »Wir treffen uns in fünf Minuten unten zum Unkrautjäten.«

Jetzt wehte ein anderer Wind auf der Plantage.

Bislang hatte jeder Volunteer gemacht, worauf er Lust hatte. Carla lief normalerweise das Grundstück ab und besserte den Zaun aus. Maurice hatte mit Nena einen Pizzaofen aus Lehm im Garten gebaut. Drogo pflegte seine Beete und die Kräuterspirale. Ich hieb fruchtbare Terrassen in den harten Boden und bastelte Bambusregale für den Rohbau. Jetzt machte Ronja klar, dass sie für unsere Vorlieben wenig Interesse hatte.

Stattdessen zogen wir mit der jugendlichen Chefin wie ein Arbeitstrupp durch den Garten. Rissen stundenlang ausgetrocknete Gräser und verwelkte Pflanzen heraus und lauschten Ronjas Referaten über Permakultur.

Alle atmeten auf, als die Sklaventreibertochter ein paar Stunden später wieder Richtung Luxus-Strandvilla fuhr.

So ging es von nun an Tag für Tag.

Essensgeld bekamen wir auch keins mehr.

Abends kreisten die Gespräche am Küchentisch darum, ob wir nicht alle gehen sollten. Aber Carla meinte, dass es unfair wäre, den zugesagten Zeitraum nicht einzuhalten. Vielleicht hatte sie recht. Außerdem würde ich Pumba vermissen.

Am Ende waren es die Riegels, die uns von ihrer Plantage jagten.

Und das kam so.

Eine Woche nach dem Grillabend-Desaster vegetierte die Volunteer-Familie verschwitzt im Rohbau vor sich hin. Seit zwei Tagen hatte niemand geduscht, was bei Feldarbeit in den Tropen sehr suboptimal ist.

Zur Freude der Ameisen stapelte sich in der Küche schmutziges Geschirr. Der Grund: Jemand hatte die Wasserpumpe geklaut, die weit hinter den Zimtbäumen über einem Brunnen installiert gewesen war.

Der Dieb kam aus dem Dorf. Das hatte Drogo von seinen singhalesischen Verwandten erfahren. Doch wer genau, verrieten sie nicht.

»Das ist schon das fünfte Mal!«, schimpfte Claudia am Telefon. Dann schlug die Diva vor, dass wir quasi als Vergeltung die Wasserpumpe der Nachbarin klauen sollten. Das hatten wir abgelehnt und schwitzten seitdem vor uns hin.

Nur Buddha weiß, warum die Riegels ausgerechnet in dieser Situation ihre Strandhausgäste zu einer Führung zu uns schicken mussten.

Doch mit einem fröhlichen »Moin« stand plötzlich ein Pärchen aus Hamburg in der Küche. Er arbeitete in der Werbung, trug Hipsterbart, Hornbrille und runden Bauch. Sie einen blonden Pferdeschwanz sowie ein Baby mit Fliegenpilz-Sonnenhut auf dem Arm.

Alle drei rümpften die Nase, als ich mich zur Führung aufraffte.

»Sorry, wir haben gerade kein Wasser«, entschuldigte ich. Mir fiel es immer schwerer, die Legende von den anpackenden, herzensguten Riegel-Damen zu erzählen.

Doch ich machte meinen Job – obwohl ich wusste, dass die Hipster den Riegels zwei singhalesische Tagelöhne für diese Führung bezahlt hatten, wir Volunteers davon aber nichts sahen.

»Meganette ›Planting Zone‹«, lobte der Werbemensch die Terrassen.

»Oh nein, was für ein fieser Mistkerl«, bemitleidete seine Freundin die Riegels, als ich die Geschichte vom ausgerasteten Baggerfahrer erzählte.

Dabei hatte ich inzwischen viel Verständnis für den Mann entwickelt.

Und am Ende kauften die Hipster noch ein Paket vom teuren Biozimt.

»Tschüüüüsss«, winkte ich ihnen zum Abschied und ahnte dabei nicht, dass morgen mein letzter Tag auf der Plantage sein würde.

Der Tag der Katastrophe begann hervorragend.

Ronja Riegel war am Morgen nicht zum Antreiben erschienen. Dafür aber der singhalesische Klempner, der eine neue Wasserpumpe zum Laufen brachte. Während der Motor vor sich hin knatterte, duschte ich mir den Schweiß der vergangenen Tage vom Leib.

Zum Ärger der Ameisen machte Nena sich an die Türme des Abwaschs. Zur Mittagszeit saßen alle Volunteers frisch gewaschen und bestens gelaunt am Küchentisch. Dann passierte es.

In meiner Erinnerung spielt sich die Szene wie in Zeitlupe ab.

Carla schob sich gerade einen Löffel Reis in den Mund, als Ronja Riegel auf dem Motorroller durchs Plantagentor geknattert kam.

Dann stand der rothaarige Teenager in der Küche und sagte mit eiskalter Stimme: »Packt eure Sachen und verlasst unser Grundstück. Sofort.«

Die Katalanin verschluckte sich fast am Reis und schaute wie ein Reh auf der Autobahn. Nie war Pumbas fröhliches Schwanzwedeln unangebrachter gewesen.

Jeder Volunteer brauchte jetzt ein paar Sekunden, um zu entscheiden, ob man sich verhört hatte. Und falls nicht, was das zu bedeuten habe.

Schließlich war die Dschungelkommune im Rohbau unsere Heimat.

Wir hatten die vergangenen Wochen im Dienste der Plantagenbesitzer ohne Bezahlung, Essen und am Ende sogar ohne Wasser geschwitzt. Hatten als menschliche Schutzschilde gedient. Und unten im Garten funkelte ein nagelneuer Lehmofen, den Maurice und Nena mit ihren eigenen Händen gebaut hatten.

Zwar waren die Riegels bisher nicht durch Dankbarkeit aufgefallen.

Aber uns von jetzt auf gleich in den Dschungel setzen? Nein, so fies konnte niemand sein. Sicher hatte ich mich nur verhört.

»Raus jetzt, ihr habt eine Stunde, um zu packen«, befahl die feuerrote Achtzehnjährige.

»Ähäm«, hustete Carla ein Reiskorn heraus, »das könnt ihr doch nicht machen. Warum denn?«

»Da seid ihr doch selbst schuld«, erwiderte die Zimtprinzessin. »Glaubt ihr etwa, ihr könnt uns bei unseren Gästen schlechtmachen, und wir nehmen das hin?«

Beleidigt berichtete Ronja, wie sich die Hamburger Hipster-Gäste nach der gestrigen Plantagenführung über unsere Lebensbedingungen beschwert hätten. Ohne Wasser leben, das gehe doch nicht. Die Riegels müssten da doch was unternehmen. Daraufhin war der Zimtadel in Panik verfallen. Denn die Damen fürchteten nichts so sehr wie einen schlechten Kommentar auf Airbnb.

In unserer Rohbau-Küche holte Ronja ein Permakultur-Buch aus der Handtasche und legte sich mit steinerner Miene auf eine Holzliege. Sie wollte so lange bleiben, bis wir alle weg waren.

»Damit niemand was kaputt macht. Und jetzt packt.«

Khal Drogo sprang vom Küchentisch und schrie Ronja an: »Ihr wart wie eine Familie für mich und behandelt mich jetzt wie einen räudigen Hund!«

Der langhaarige Hüne war in seiner Wut furchterregend. Aber der Teenager blieb eiskalt. Als sie nicht reagierte, stapfte der Riese in sein Zimmer und begann wahllos, herumliegende Klamotten in seinen Rucksack zu stopfen.

Derweil rollten der Katalanin Carla Tränen aus den Augen.

Schluchzend redete sie auf die Deutsche ein. Die Volunteers könnten doch weder etwas dafür, dass die Wasserpumpe geklaut wurde, noch dass die Riegels ausgerechnet jetzt Gäste für eine Führung geschickt hätten. Und das Mindeste wäre doch eine Frist von ein paar Tagen, um im Internet eine andere Volunteer-Bleibe in Sri Lanka zu organisieren.

Doch Ronja erwiderte emotionslos, dass es am Strand genug Gasthäuser gebe.

Als Carla ihr kleines Budget ansprach, rümpfte die Zimtprinzessin nur angewidert die Nase. Bäh, Armut.

In mir regten sich widersprüchliche Emotionen.

Einerseits Widerstand. Fristlos von jetzt auf gleich vor die Tür setzen: Das könnten die Riegels nicht mal mit ihren Mietern in München machen. Außerdem waren wir in der Überzahl. Auch die Polizei konnten die Riegels schlecht rufen. Schließlich lag gegen Claudia ein Haftbefehl vor. Und zu guter Letzt war es unwahrscheinlich, dass sie ihre Gäste gegen uns mobilisieren würde. Einen solchen Shitstorm hätte Airbnb noch nicht gesehen.

Also warum nicht einfach bleiben?

Andererseits beeindruckte mich Ronjas Kaltschnäuzigkeit.

Kein Wunder, dass sich die Singhalesinnen vor ihr fürchteten.

247

Ich mit achtzehn wäre in dieser Konfliktsituation heulend zusammengebrochen. Doch die Rothaarige lag seelenruhig auf der Liege und nahm jede Anfeindung emotionslos hin. Als ich ihr an den Kopf warf, dass man so nicht mit Menschen umgehen könne, erwiderte sie nur: »Anfangs waren wir nett. Dann hat Sri Lanka uns gelehrt, dass nett sein nicht funktioniert.«

Außer ihr schien nur Nena diese Lektion ebenfalls verinnerlicht zu haben. Während Drogo tobte, Carla heulte und ich anfeindete, ging sie wortlos in die Küche und schnappte sich das längste Küchenmesser.

Offenbar hatte sie vom Che-Guevara- in den Xena-die-Kriegerprinzessin-Modus umgeschaltet.

Ihre grünen Augen funkelten kriegerisch. Ich fürchtete, dass sie jetzt mit der Klinge auf Ronja losgehen würde. Stattdessen schnitt Xena eine Mango auf und wirbelte damit in der Betonküche herum. Klebrig tropfte der gelbe Saft auf das frisch gereinigte Geschirr.

»Bevor du gekommen bist, hatte ich gerade abgewaschen und die Küche geputzt«, erklärte sie Richtung Ronja. »Du verstehst sicher, dass ich euch meine Arbeit nicht mehr überlassen will.«

Der Teenager schüttelte über dieses kindische Verhalten nur den Kopf.

Nun nahm Xena noch eine Flasche Ketchup aus dem Regal. Wie Blut ergoss sich die rote Soße auf die frisch geputzten Küchenflächen.

Aber sie war noch nicht fertig.

Das Küchenmesser in der Hand blitzte, das braune

Haar schwang hin und her, als sie die Treppe hinunterrannte. Geradewegs auf den Lehmofen zu. Wie die Killerin aus einem Horrorfilm stach sie wieder und wieder auf ihr wehrloses Opfer ein.

»Und den Ofen könnt ihr auch nicht haben«, verkündete sie nach getanem Mordwerk.

Zum ersten Mal huschte so was wie Angst über Ronjas blasses Gesicht. Sicher fragte sie sich, wozu die temperamentvolle Kanarin noch fähig war.

Ich musste zugeben, dass Nenas Auge-um-Auge-Gerechtigkeit gegenüber dem hilflosen Heulen der Weltfrieden-Katalanin gewisse Vorzüge hatte. Also beschloss ich, dass auch meine Arbeit nicht den Riegels in die Hände fallen sollte.

Ich ging hinüber zu dem Bambusregal, das ich einst liebevoll gebaut hatte, und nahm es Stück für Stück auseinander. Dann zerknickte ich die runden Hölzer und warf sie aus dem Rohbau. Gerade als ich hinunter in den Garten stürmen wollte, um wie Rumpelstilzchen auf den von mir angelegten Terrassen herumzuspringen, fiel es mir wie Ketchup aus der Flasche: Ich war zum singhalesischen Baggerfahrer geworden. Aus Wut über die Riegels zerstörte ich meine eigene Arbeit. Und generierte genug schlechtes Karma, um mich direkt in die Welt der buddhistischen Höllenwesen zu befördern.

Erschrocken hielt ich inne und sagte schließlich zu meinen Mit-Volunteers: »Lasst uns einfach gehen.«

Sollte sich doch Buddha mit diesen Deutschen herumschlagen.

Wenig später marschierten wir verstoßenen Volunteers mit Rucksäcken auf dem Rücken hinaus durchs klapprige Plantagentor.

Wehmütig warf ich einen letzten Blick auf den grauen Rohbau inmitten der tiefgrünen Zimtbäume.

Jetzt kam das Schwerste: Abschied von Pumba.

Er folgte mir bis an die Bushaltestelle an der Dschungelstraße.

»Nicht, Pumba!«, rief ich. »Geh zurück, sonst überfährt dich noch ein Tuk-Tuk!«

Sein Schwanzwedeln war wie Abschiedswinken. Ich blickte in seine gutherzigen Augen und wusste, dass er nach diesem Leben im Nirwana aufgehen würde.

Am Abend saßen alle Volunteers ein letztes Mal zusammen und blickten in den Sonnenuntergang. Am Strand von Bentota, nicht weit entfernt von der riegelschen Strandvilla.

Nena und ich hatten noch zwei Wochen bis zum Rückflug. Was sollten wir tun? Wir reisten.

Mit dem Zug durch die Bergwälder nach Kandy.

Und landeten schließlich bei der Elefantenstiftung.

Ich hoffte, dass das Universum uns unsere Wutausbrüche auf der Plantage vergeben hatte. Vielleicht war es ein gutes Zeichen des Schicksals, dass die weiteren Zugfahrten durch Sri Lanka penisfrei blieben und niemand aus dem Wagon fiel.

Australien

Koala-Krieg auf der Känguru-Insel

Irgendwo hinter Melbourne saßen Nena und ich auf der Ladefläche eines schmutzigen Pick-up-Trucks. Wir rasten mitten über ein Feld, das sich mit goldenem Gras bis zum Horizont erstreckte, wo der australische Himmel weiße Wolken servierte, die aussahen wie die Viecher, die gerade vor uns flüchteten: weiße, flauschige Schafe.

Wir besuchten vor unserer nächsten Tiersitter-Station gerade einen Freund, den ich damals im bulgarischen Hostel kennengelernt hatte (einer dieser verrückten Weltumradler) – und der entstammte einer echten Schäferfamilie. Der Fahrer des Pick-ups war sein Bruder.

Auf der Ladefläche waren wir nicht allein.

Da hechelte ein großer Hund mit spitzen Ohren, langer Schnauze und rötlich braunem Fell. Er glich jenem Vierbeiner, den ich in einem populären australischen Film gesehen hatte: *Red Dog*. Die wahre Geschichte eines Hundes, der gerne an Fernstraßen trampte und die Herzen einer australischen Bergarbeiterstadt gewann.

Dieser Red Dog hier hieß Oscar und war ein echter Schäferhund. Und was für einer.

Der Fahrer des Pick-ups pfiff einmal laut aus dem Fenster, und Oscar sprang von der Ladefläche. Übergangslos fiel er vom Sprung in den Laufschritt und rannte nun parallel zu unserem Auto auf der anderen Seite der Herde entlang. So trieben wir die blökenden Schafe vor uns her. Bis wir nach einigen Hundert Metern eine große Holzscheune erreichten. Der Fahrer stoppte, sprang aus der Tür und schloss eine weite Metalltür hinter den Schafen, die nun in ihrem Nachtlager waren.

»Wollt ihr mal was Cooles sehen?«, fragte er rhetorisch. Er führte uns zu einer Scheune aus Holz und Wellblech. Auch davor waren Schafe – allerdings sahen sie ohne Wolle nackt aus.

Wir gingen hinein.

Drinnen war es dunkel. Durch offene Klappen in der Wand fiel nur etwas Tageslicht auf einen weiteren Kerl im Blaumann und das, was er umklammert hielt: ein großes Schaf.

Es klemmte zwischen seinen Beinen, und mit einem Arm drückte er die Gliedmaßen des Tieres so zu Boden, dass es sich nicht mehr bewegen konnte. Es sah aus wie ein komplizierter Judogriff.

In der freien Hand hielt er eine Rasiermaschine, die von der Decke an einem Gelenkarm aus Metall hing. Damit bearbeitete er das Schaf in unglaublicher Geschwindigkeit, bis es ein paar Sekunden später völlig nackt war. Anschließend packte er das Schaf und schob es einen Schacht hinaus, wo es auf einer umzäunten Planke zu den anderen nackten Schafen vor die Scheune stolperte.

Nur die weiße, flauschige Wolle lag noch auf dem Holzboden wie ein großer Teppich. Er packte das Vlies und warf es mit geübten Handgriffen über einen großen Tisch. Wie Schnee flogen Wollflocken durch die Luft. Anschließend riss er ein paar bräunlich verfärbte Wollfetzen ab und schmiss den weißen Rest in eine hydraulische Presse, die das Volumen der Wolle um ein Vielfaches verkleinerte.

»Beste Qualität, echtes Merinoschaf«, lachte er.

Die Wolle verkauften die Schäfer übrigens nicht nur an die Kleidungsindustrie. Wegen der guten Dämmeigenschaften war das Material auch im Bauwesen gefragt; wegen der hohen Nachfrage aus China erzielte es gerade Rekordpreise von über elf Euro pro Kilo.

Der Kerl im Blaumann war professioneller Scherer; die schaffen etwa hundertvierzig Schafe pro Arbeitstag. Den derzeitigen Rekord hielt ein Teenager aus Neuseeland mit über fünfhundert Schafen; das ist weniger als eine Minute pro Schaf.

»Willst du mal probieren?«, fragte er mich.

Verdammt. Da konnte ich nicht kneifen.

Nena sah mich nur angewidert an, für sie war das Tierquälerei.

Er zeigte auf einen Bereich der Scheune, in dem zahlreiche weitere Schafe auf die Rasur warteten.

Und jetzt?

»Na, schnapp dir eins. Von hinten die Vorderbeine packen und ziehen. Aber Vorsicht, die treten manchmal.«

Wagemutig schwang ich mich über die Planke zu den

Schafen, die blökend und angsterfüllt von mir wegdrifteten. Schließlich bekam ich eins zu fassen und schleppte es wie einen Verletzten durch die Scheune zur Scherstation. Das Tier wog an die hundert Kilo.

Ich drückte es zu Boden und schnappte die Schermaschine, setzte an und glitt damit am Bauch unter die Wolle.

Blööööök!

Ich hatte das arme Tier aus Versehen geschnitten. Es schrie vor Schmerz. Nein, das war kein Beruf für mich.

Eine Sekunde Schafscheren reichte mir. Ich war beinahe so traumatisiert wie das Schaf.

Zum Glück war unsere Tiersitter-Station nicht hier. Ein paar Tage später verabschiedeten wir uns vom verrückten Radfahrer und seiner Familie und reisten weiter Richtung Westen. Unser Ziel lag im Gulf Saint Vincent im Indischen Ozean. Der Kontinent Australien wird ja schon Down Under genannt, und das war quasi das Down Under von Down Under: die Känguru-Insel. Kurz nach der Ankunft saßen wir bei unserem Gastgeber im Auto.

»Die haben sich einfach abstechen lassen. Kängurus sind so dämlich.«

Roy führte gerade aus, wie Menschen vor sechzigtausend Jahren zum ersten Mal auf Kängurus getroffen waren. Da die hüpfenden Beuteltiere bis dahin keine Räuber fürchten mussten, hatten sie auch keine Angst vor den Menschen. Also stachen die Aborigines die seelenruhig dasitzenden Tiere einfach ab. Dann gabs Kängurusteak.

»Stupid Kangaroos«, knurrte Roy.

Eben waren wir in seinem alten Mercedes an einem Kadaver am Straßenrand vorbeigefahren, Kängurus sind eine häufige Ursache für Verkehrsunfälle in Australien. Wir waren gerade mit der Fähre gekommen, und Roy hatte uns abgeholt.

Er war Anfang fünfzig und zusammen mit seiner Frau Tiffany unser Gastgeber – und mir schien, dass man bei seinen Geschichten vorsichtig sein musste. Denn der bullige Mann mit den grauen Haaren, dem roten Gesicht und der blauen Latzhose war das, was man ein echtes Original nennt. Er hatte starke Bauchgefühl-Meinungen, ein lautes Mundwerk, aber ein gutes Herz.

Obwohl er mit der Kängurugeschichte durchaus richtig gelegen haben könnte. Denn schließlich war er quasi via Wohnort ein ausgewiesener Experte: Seine Heimat war die Känguru-Insel.

Die drittgrößte Insel Australiens liegt im Süden und gehört zur Provinz South Australia. Sie ist gut hundertfünfzig Kilometer lang, neunzig breit und beherbergt nur knapp fünftausend Menschen.

Obwohl es bis zum Festland nicht mal fünfzehn Kilometer waren, fühlten sich die Insulaner als eigenes Völkchen. Roy sprach von Australien immer wie vom Ausland. Er verstand sich also auf Anhieb super mit Nena, die als Kanarin ähnlich über Spanien dachte.

Die Känguru-Insel war 1802 vom englischen Forschungsreisenden Matthew Flinders für die Europäer entdeckt worden.

Weil er an Land so viele Kängurus sah und mit seiner Crew verspeiste, nannte er sie Känguru-Insel. (Ob die Tiere diesmal wenigstens wegzuhüpfen versuchten, ist nicht bekannt.)

Auch australische Ureinwohner lebten einst auf der Insel, die sich vor etwa zehntausend Jahren vom Festland getrennt hatte. Bis sie vor zweitausend Jahren plötzlich verschwanden. Über den Grund ist nichts bekannt, vielleicht waren es Krankheiten oder Stammeskriege.

Jedenfalls nannten die Aborigines das Eiland nur »Insel der Toten«, was ich nicht sehr beruhigend fand.

»Wir waren es jedenfalls nicht!«, schnaubte Roy und meinte die europäischen Siedler, die ab 1788 das australische Festland bewohnten. Dort leisteten sie mit eingeschleppten Krankheiten und Kämpfen allerdings sofort einen traurigen Beitrag zum Massensterben von Aborigines.

Die Hauptstadt der Känguru-Insel heißt Kingscote. Sie liegt im Osten und war mit dem Gründungsdatum 1836 die erste europäische Siedlung von South Australia. Überlegungen, den Ort zur Provinzhauptstadt zu machen, wurden schnell verworfen. Die kleine, flache Insel hatte nicht genügend Ressourcen für eine größere Siedlung. Schnell setzten die meisten Neuankömmlinge daher aufs Festland über und gründeten dort die Stadt Adelaide. Heute eine junge Metropole voller Studenten.

»Meine Tochter wohnt in Adelaide«, sagte Roy und erklärte uns auf dem letzten Teilstück der Fahrt, dass seine Frau Tiffany für ein paar Tage dort zu Besuch sei, um mit der gerade geborenen Enkeltochter zu helfen.

Wir erreichten nun Kingscote, wo Roy mit seiner Frau lebte.

Die Stadt mit zweitausend Einwohnern schien sympathisch verschlafen. An rechtwinklig angelegten Straßen und Gassen lagen einstöckige, aber geräumige Familienhäuser. Hohe Eukalyptusbäume säumten die Straßen, aber auch Tannen, Feigenbäume und vereinzelt sogar Palmen. Ein seltsamer Mix aus mediterranem und gemäßigtem Klima.

Nicht weit von uns schimmerte der tiefblaue Indische Ozean, der hier allerdings nicht seine tropische, sondern raue Seite zeigte. Das nächste Ufer im Süden war bereits die Antarktis, und entsprechend frisch war das Wasser. Es war Herbst, der in Australien, wo alle Jahreszeiten umgekehrt sind, auf den März fiel.

Schließlich bog Roy in eine der Gassen mit Holzhäusern ab und rollte eine Einfahrt hinauf. Wir waren in unserem neuen Zuhause angekommen. Einen Monat würden Nena und ich Roy und seiner Frau im Austausch für Unterkunft und Essen aushelfen.

Aus ihrem Internetprofil auf Workaway wusste ich, dass die beiden eine Eukalyptusfarm samt Shop betrieben. Gekommen war ich allerdings aus einem anderen Grund: Kängurus! Auf ihren Fotos zeigten die beiden nämlich halb zahme Hüpfer, die auf dem Farmgelände lebten. Als Tiersitter konnte ich nicht widerstehen, und dann noch auf der Känguru-Insel.

Doch die Farm schien woanders zu liegen. Denn hier in Kingscote standen wir jetzt inmitten einer Wohnsiedlung mit flachen Häusern. Von langfüßigen Beutelhüpfern keine Spur. Nicht mal eine Hauskatze gab es hier.

»Hör mir auf mit Katzen, die sind noch eine größere Plage!«, schimpfte Roy.

Er erklärte, dass sie dieses Haus in der Stadt vor zwei Jahren gekauft hatten. Bis dahin hätten sie auf der Farm gelebt, die im Herzen der Insel mitten im Buschland lag. Jetzt, wo der Lebensabend näher rückte, wollte das Ehepaar ein wenig Luxus genießen. Und Luxus war für sie offenbar tierfrei.

Wir stiegen aus dem alten Mercedes, und Roy zeigte auf einen hohen Eukalyptusbaum in der Nähe vom Haus.

»Dort lebt ein Koala. Aber anscheinend ist der kleine Scheißer nicht da.«

Koalas! Ich war beinahe noch aufgeregter als wegen der Kängurus. Für mich gehörten die knuffigen bärenähnlichen Baumkletterer zu den süßesten Tieren überhaupt.

Roy schien das etwas anders zu sehen.

»Süß? Ihr Europäer spinnt doch. Die Viecher sind die schlimmste Plage von allen. Und blöd wie Baumrinde.«

Blöd? Gut, ich wusste, dass Koalas nicht gerade die Hellsten waren. Ihr Gehirn ist im Vergleich zur Körpermasse von allen Säugetieren am kleinsten. Und sie schlafen zwanzig Stunden am Tag, die restliche Zeit wird gefressen.

Der Grund für diese Faulheit ist ihre Nahrung. Eukalyptusblätter enthalten kaum Nähr-, dafür aber viele Giftstoffe. Für Menschen wäre der Koalaspeiseplan tödlich. Die Tiere müssen den Großteil ihrer Energie für den komplizierten Verdauungsprozess verwenden. Denken und Wachsein stören da nur. Dumm frisst eben gut.

Aber deswegen waren sie doch keine Plage.

Ich vermutete einfach, dass Roy als Eukalyptusfarmer ihr natürlicher Feind war.

Ohne das Thema weiter zu vertiefen, folgte ich ihm ins Haus. Drinnen sah es tatsächlich so aus, als ob Roy und Tiffany den Lebensabend genießen wollten. Der Stil war rustikal und gemütlich. Es gab nur das Erdgeschoss, wo ein großes Wohnzimmer samt gigantischem Snooker-Billardtisch, Ledersofa und Riesen-Flachbild-TV stand. Die Küche war modern ausgerüstet mit einem sehr großen Kühlschrank. Hinter einer Theke stand ein Esstisch.

»Euer Zimmer ist am Ende des Flures. Ich mach uns was zu essen«, sagte Roy und fügte hinzu: »Sicher wollt ihr erst mal einen heißen Teiler.«

»Einen heißen Teiler?« Das klang irgendwie schmutzig.

Schließlich kapierte ich, dass Roy von einer Dusche sprach.

In seinem australischen Dialekt klang »Shower« wie »Sharer«.

Nena und ich gingen in unser Zimmer. Es bestand aus

einem großen Doppelbett und Kleiderschrank, große Fenster öffneten den Blick auf den Eukalyptusbaum vor der Einfahrt, wo angeblich der Koala lebte. Ich nahm mir vor, von hier aus heute Abend Ausschau zu halten.

Irgendwie fühlte es sich so an, als ob ich wieder bei meinen Eltern einzog. Das Schlafzimmer unserer Gasteltern lag am anderen Ende des Flures. Wir teilten uns Bad, Küche, Wohnzimmer und Terrasse. Also das gesamte Haus.

Nach dem heißen Teiler, beziehungsweise der Dusche, fanden wir Roy am Esstisch.

Es gab Kürbis gefüllt mit Couscous, zubereitet im Dampfkocher.

»So ein elegantes Gericht hättet ihr mir nicht zugetraut, was?«, freute sich der bullige Kerl in der Latzhose.

Das stimmte.

Doch Roy hatte lange als Fischer gearbeitet und dabei seine Leidenschaft fürs Kochen entdeckt. In der kleinen Kombüse hatte die Crew ebenfalls einen Dampfkocher, und meistens kochte er.

Als er uns die Teller reichte, sah ich, dass seine Finger leicht schräg voneinander abstanden. Brüche vom jahrelangen Rugbyspielen. Roy hatte zuletzt in der Seniorenmannschaft auf nationalem Topniveau gekeilt und erst vor einigen Jahren altersbedingt aufgehört. Fußball mochte er hingegen nicht, weil er die Sportart »zu weich« fand.

»Wenn die Gewalt auf dem Spielfeld bleibt, gibts auch keine Probleme mit Hooligans«, lachte er.

Anders als seine Finger musste kein Eis gebrochen werden. Ich fühlte mich sofort als Teil der Familie.

Kein Wunder: Roy und seine Frau empfingen seit über zwanzig Jahren Volunteers aus aller Welt in ihrem Zuhause.

Vor uns war gerade ein Portugiese dagewesen, und nach uns hatten sich zwei Französinnen angekündigt. Für das Ehepaar musste es sich anfühlen, als ob ihre erwachsenen Kinder nie auszogen. Nur deren Gesichter und Akzente änderten sich.

Volunteers hatten geholfen, ihr Farmhaus im Busch zu bauen, die eigenen drei Kinder zu babysitten und im Laden zu arbeiten.

Irgendwann fragte ich meinen Gastpapa: »Roy, warum hasst du Koalas?«

Daraufhin erzählte er vom Koala-Krieg.

Die knuffigen Pelztiere hatten die Känguru-Insel ins Zentrum der internationalen Weltöffentlichkeit gerückt – und zwar nicht auf die gute Weise. Am Ende drohte sogar Japan mit Sanktionen.

Doch der Reihe nach.

Zunächst muss man wissen: Ursprünglich gab es auf der Känguru-Insel gar keine Koalas. (Sie heißt ja auch nicht Koala-Insel.) Sondern sie waren dort, seltsamerweise ähnlich wie die menschlichen Ureinwohner, seit zehntausend Jahren ausgestorben.

Das änderte sich erst, als die Regierung von South Australia 1923 achtzehn Koalas auf der Insel aussetzte. Sie sollten das Bestehen ihrer Art sichern, die auf dem Festland durch Pelzjagd, Lebensraumverlust und Krankheiten immer mehr vom Aussterben bedroht war. In den Fünfzigerjahren brachten die Tierschützer noch mal zwanzig weitere Tiere auf die Insel.

Dann geschah das Undenkbare.

Die eigentlich so faulen Koalas pflanzten sich wie irre fort.

Bei einer Schätzung 1996 kamen die Experten zu dem Schluss, dass aus den achtunddreißig inzwischen fünftausend Tiere geworden waren.

Die Koalahorden hatten bereits über die Hälfte der infrage kommenden Futterbäume leer gefuttert, das waren vor allem die Eukalyptusarten Manna Gum, River Red Gum und Blue Gum.

Letztere wurden von den Inselbewohnern zu diesem Zeitpunkt in großen Plantagen angebaut, weil sich deren Holz gut zur Papierherstellung eignete. Entsprechend sauer waren die Farmer, dass die Koalas diese Bäume entlaubten und dadurch zerstörten.

Natürlich war die Situation auch für die Tiere gefährlich. Denn wenn das Futter alle war, drohte eine Hungersnot, und die süßen Pseudobären würden zu Tausenden jämmerlich verenden.

Die Lage war so akut, dass die Regierung schließlich eine Koala-Taskforce gründete. Die Experten empfahlen, Tausende Tiere zu sterilisieren und einige aufs Festland umzusiedeln. Und so geschah es.

Es gab da nur ein Problem.

Die Koalas wurden nicht weniger.

Mehr und mehr Eukalyptusbäume wurden leer gefressen und starben.

Um das Koalamysterium zu ergründen, veranlasste die Regierung eine neue Untersuchung. Diese kam zu dem Schluss, dass die ursprüngliche Schätzung daneben gelegen hatte. Nicht fünftausend Koalas kletterten durch die Bäume, sondern bis zu dreißigtausend.

Das bedeutete: Die teure Sterilisations- und Umsiedlungsaktion war umsonst gewesen. Das Ökosystem stand vor dem Kollaps, eine Koala-Hungersnot rückte immer näher, und die menschlichen Inselbewohner sahen sich als Opfer einer Plage und schnappatmeten vor Wut.

Angesichts dessen empfahl die Taskforce, zwanzigtausend Koalas zum Abschuss freizugeben.

»Und jetzt gings erst richtig los«, knurrte Roy und meckerte: »Wenn ihr in Deutschland eine Wildschweinplage habt, dann rücken doch auch die Jäger an, oder?«

Das mochte sein.

Doch der Koala war kein Wildschwein.

Er war das Nationalsymbol Australiens, geliebt und verehrt in der ganzen Welt.

Dabei hatten die europäischen Siedler, als sie den Koala vor zweihundert Jahren entdeckten, nur wenig Liebe für ihn übrig. Der Dauerschläfer galt als das »Faultier Australiens«, als dumm und sogar bösartig.

Doch das änderte sich schnell.

Die Proportionen eines Koalas ähneln einem menschlichen Baby: großer Kopf und Augen, kurze Beinchen und Minifüße. Das graue Pelztier hatte sogar noch plüschige offene Rundohren und glich damit dem Teddybären, der Anfang des zwanzigsten Jahrhunderts die Spielzeugläden in Europa und den USA eroberte. Koalas waren bald die Helden von Comics und Zeichentrickfilmen, Werbefigur auf Produktpackungen und Maskottchen von Sportclubs. Internationale Berühmtheiten ließen sich mit Koalas ablichten; Michael Jackson, der Dalai Lama oder die britischen Royals.

Man kann sich also die weltweiten Reaktionen vorstellen, als 2001 die BBC in London verkündete:

20.000 KOALAS DROHT DIE ABSCHLACHTUNG

Alle wichtigen Medien berichteten über den angeblichen Koalahass auf der Känguru-Insel. Ein absoluter PR-Albtraum.

Damit war eine ihrer wichtigsten Einnahmequellen bedroht: der Tourismus, etwa fünfhundert Arbeitsplätze hingen daran. Pro Jahr besuchen rund hundertfünfzigtausend Urlauber die Insel und geben mehr als hundertzwanzig Millionen Australische Dollar aus.

Für Australien insgesamt war der Koala sogar noch wichtiger. Laut Umfragen kommen siebzig Prozent aller Touristen, um Koalas in Zoos oder Parks zu sehen. An dem Tier hängen landesweit wenigstens neuntausend Arbeitsplätze. Ganz zu schweigen von seiner außerordentlichen Beliebtheit bei Kindern und Erwachsenen.

Kurzum: Kein australischer Politiker, der bei Verstand ist, würde Koalas zum Abschuss freigeben. Ganz egal, wie gut die ökologischen Gründe dafür sind.

Folgerichtig schlugen die Verwaltungen von South Australia und der Känguru-Insel die Empfehlung der Koala-Taskforce in den Wind. Statt zwanzigtausend Tiere zur Jagd freizugeben, wurde weiter sterilisiert und umgesiedelt.

Mit wie viel Erfolg, wusste niemand. Einige Experten meldeten einen Rückgang der Population, andere meinten, dass sich inzwischen sogar fünfzigtausend Koalas durch die Eukalyptusbestände fraßen.

Derweil stieg die Wut der Inselbewohner. Das Fernsehen zeigte einen Mann, der drohte, einen soeben gefilmten süßen Koala abzuknallen, sobald die Kameras aus waren. Es wurde gemunkelt, dass viele Insulaner die Koalajagd illegal in die eigenen Hände nahmen.

Ich fragte mich, ob auch Roy dazu fähig war.

Ich glaubte nicht. Schließlich saß er im Verwaltungsrat der Insel und wusste, wie wichtig Koalas für den Tourismus waren. Außerdem war er trotz seiner großen Klappe ein Tierliebhaber. Liebevoll berichtete er am Esstisch, dass er als Kind ein zahmes Wallaby gehabt hatte – eine Art Minikänguru –, und später hielt er Rennpferde. Auf der Kommode im Wohnzimmer stand neben dem Hochzeitsfoto auch ein Bild seines Lieblingspferds, das vor Kurzem an Altersschwäche gestorben war.

Nein, Roy würde sicher keinen Koala abschießen.

In dieser Nacht lag ich noch lange im Bett und suchte

die Baumkrone im Licht der Straßenlaternen ab. Es gab auch eine gute Seite am Koala-Krieg: Nirgendwo in Australien war die Chance so hoch, eines der auch Eukalyptusbären genannten Tiere zu sichten.

Doch nicht in dieser Nacht.

Enttäuscht schlief ich ein.

Am nächsten Morgen fuhren wir mit Roy auf die Eukalyptusfarm.

Ab und zu waren vor dem Autofenster gerodete Flächen zu sehen, auf denen Kängurus trockenes Gras fraßen. Nach zwanzig Kilometern waren wir im Inneren der Insel, die hier ganz nach australischem Busch aussah. Flach, staubig, durchsetzt von knorrigen Bäumen und Büschen. Das Gelände der Farm umfasste beeindruckende zweihundertfünfzig Hektar davon. Außer uns kein Mensch weit und breit.

Schließlich erreichten wir das Herzstück der Anlage, einen Laden mitten im Busch. Er sah aus wie ein großer Westernsaloon, war aber ein großes Geschäft, zusammengezimmert aus Holzlatten und Wellblech. Umgeben von einem sandigen Parkplatz, auf dem allerhand Schrott vor sich hin rostete.

Da war ein gelber Schulbus, ein Lastwagen aus den Fünfzigerjahren mit runder rosa Haube, ein großer Kipplaster, zwei Bagger, aber auch so was wie Kunst, wie zum Beispiel ein Elch aus Altmetall. Es schien, als wären wir auf dem Friedhof der Transformer gelandet.

Weiter hinten gab es noch ein weiteres umzäuntes Gelände, auf dem Dutzende Fahrzeuge vor sich hin rosteten. Darunter normale Pkw, Lastwagen, Bagger, offene Jeeps und seltsame Kettenfahrzeuge.

»Ist das ein Schrottplatz?«, fragte ich Roy.

»Das ist alles meins. Aber wieso Schrott?«, patzte er zurück.

Der australische Eukalyptusöl-Roy besaß mehr Fahrzeuge als ein saudischer Erdölscheich. Nur dass die keine polierten Ferraris, sondern rostiger Schro..., äh, ältere Fahrzeuge waren. Nichts davon sah fahrtüchtig aus.

Besonders interessant waren die Jeeps und Kettenfahrzeuge. Die hatte er eigenhändig umgebaut, um Känguru-Safaris und Nachtfahrten für Touristen anzubieten. Vorbild war Südafrika, wo er und seine Frau in jungen Jahren in den Flitterwochen gewesen waren. Allerdings war die Nachfrage zu schwach, und auch die Versicherung und der australische TÜV waren wenig begeistert.

Zahlreiche Fragen schossen mir durch den Kopf.

Wer, um Himmels willen, sollte denn hier in diesem Laden im Nichts einkaufen?

Was gabs da drinnen zu kaufen?

Und was hatte das alles mit Eukalyptus zu tun?

Und das Wichtigste: Wo waren überhaupt die farm-eigenen Kängurus von den Fotos im Internet?

»Na, dann komm mal mit«, sagte Roy plötzlich. »Ich zeig dir deine Kängurus. Die kannst du gleich mal füttern.«

Er führte uns hinter den Laden.

Dort hockten doch tatsächlich sieben Kängurus auf einer mit Stroh ausgestreuten Fläche.

Braun war ihr Fell, rehartig die Gesichter und lang die Füße. Besonders süß waren zwei Jungtiere, die bei ihren Müttern saßen. Allerdings waren sie schon zu groß, um noch im Beutel zu sitzen, das geht nur bis zur fünfundvierzigsten Woche.

Als ich mich der Kängurugruppe näherte, sprang sie auseinander, als wäre ich ein Dingo. Misstrauisch starrten mich die Tiere vom Rand der Strohfläche an.

Schade, Kängurustreicheln war wohl nicht.

Roy reichte mir einen leeren Plastikeimer und deutete auf größere Kisten. Die enthielten Getreide, das Kängurufutter. Mit vollem Eimer spazierte ich in die Mitte des Strohbetts und schüttete den Inhalt aus. Erst als ich wieder fünf Meter entfernt war, hüpften die Kängurus zum Futter und fraßen.

Mir fiel auf, dass sie recht klein waren. Ihr Fell schimmerte kaffeebraun im Morgenlicht.

Tatsächlich hatte die Känguru-Insel seit der Trennung vom Festland vor zehntausend Jahren ihre eigene Art der Beuteltiere hervorgebracht, mit dem völlig unkomplizierten Namen Känguru-Insel-Känguru. Es ist eng verwandt mit dem Westlichen Grauen Riesenkänguru, nur eben kleiner. In Australien erfüllen Kängurus in der Natur übrigens eine ähnliche Funktion wie Rehe in Europa: Sie fressen als umherziehende Herden das Gras kurz.

Von nun an fütterte ich die Tiere jeden Tag. Meistens

saßen sie morgens auf dem Stroh und verschwanden zum Vormittag hüpfend in den umliegenden Eukalyptuswald.

Was mich zur nächsten Frage brachte: Was machte Roy eigentlich hier?

»Halt mal das Blatt gegen die Sonne«, sagte er und reichte mir ein schmales Eukalyptusblatt. Im Nu roch meine Hand nach Hustenbonbon.

Im Licht leuchtete es grün. Das Innere der Blätter offenbarte eine verzweigte Struktur, wie Flüsse, die einem gemeinsamen Punkt zustrebten. Dazwischen waren kleine Bläschen eingeschlossen – das war Roys Gold: Eukalyptusöl. Er betrieb die letzte kommerzielle Destillerie in ganz South Australia, ein Bundesstaat mehr als doppelt so groß wie Deutschland.

Hinter dem Wäldchen, in das die Kängurus verschwunden waren, hatte er unzählige Büsche angepflanzt, deren Blätter er erntete und hier auf der Anlage zu Öl verarbeitete, in Fläschchen abfüllte und in seinem Laden und im Internet verkaufte.

Koalas hatte er übrigens nicht zu fürchten, die fraßen seine Sorte Eukalyptus nämlich nicht.

Mir kam die Geschäftsidee seltsam vor. Wer würde denn hierher ans Ende der Welt kommen, um in diesem Westernsaloon auf dem Friedhof der Transformer mitten im Nichts Eukalyptusöl zu kaufen?

Die Antwort: sehr, sehr viele Menschen.

In den nächsten Wochen wurde ich Zeuge, wie ganze Busladungen von Touristen in Roys Shop gespült wurden. Seine Anlage gehörte zu den Hauptattraktionen der ganzen Insel.

Und das bedeutete, dass es im Laden für Nena und mich richtig viel zu tun gab. Wir würden nämlich als Verpacker und Mädchen/Junge für alles zur Stelle sein.

Als ich den Western-Saloon-Shop das erste Mal betrat, war ich überwältigt von den Tausenden Artikeln, die darin in allen Formen und Farben auslagen, standen und baumelten.

Die Ladenfläche betrug um die zweihundert Quadratmeter, und das meiste davon war aus Holz gezimmert. Zwar standen in den Regalen auch Fläschchen mit Eukalyptusöl, doch das war nur ein kleiner Teil des Sortiments. Es gab auch Taschen aus Leder und Stoff, versehen mit dem Laden- oder Insel-Logo, bunte Schals, Postkarten, Zeichnungen, Kalender, Kuscheltiere – von Delfinen über Emus bis Koalas und Kängurus –, Tassen, Pullover, Shirts, Hüte, Ketten, Schlüsselanhänger, Seifen, Cremes, Figürchen und Honig.

Zudem gab es ein Café mit Imbiss, Innensitzbereich und zwei Außenterrassen. Der Laden konnte locker mehrere Hundert Touristen bespaßen. Die saßen besonders gerne auf der hinteren Terrasse, von der man die Kängurus auf ihrem Strohbett beobachten konnte.

Zum Glück mussten Nena und ich nichts verkaufen oder alle Produktinformationen auswendig lernen. Dafür hatte Roy drei festangestellte Verkäuferinnen, die alle eine Art Uniform aus grünen Shirts trugen.

Wir Volunteers wurden zunächst mit dem Verpacken

von Geschenktüten beauftragt. Dabei saßen Nena und ich an einem kleinen Tisch neben Kisten von Eukalyptusfläschchen und Infobroschüren. Die mussten wir nun einigermaßen kunstvoll in knisternde Plastiktüten packen und mit einer bunten Schleife verschließen. Nach stundenlanger Übung bekam ich das ganz passabel hin, ohne je die Perfektion von Nena zu erreichen.

Das mag nach stupider Fließbandarbeit (nur ohne Fließband) klingen. Doch dank der tratschenden Verkäuferinnen herrschte immer gute Laune im Laden. Roy baute draußen ein weiteres Holzhaus als Büro an. Und so verging die Zeit wie im Flug.

Problematisch war jedoch etwas anderes: Ich saß an meinem Tisch direkt neben der »historischen Ecke« des Ladens. Darin stand aus irgendeinem Grund eine alte Pferdekutsche (ohne Pferd), in der die Touristen Platz nehmen und sich auf einem alten Fernseher einen zehnminütigen Informationsfilm zur Geschichte der Anlage anschauen konnten.

Und das taten sie.

Wieder und wieder und wieder.

Und nach dem Film konnten sie die Kutsche wieder verlassen; doch ich musste bleiben. So stellte ich mir Gehirnwäsche in Nordkorea vor, wo man stundenlang mit einer Botschaft indoktriniert wird, bis man sie im Schlaf aufsagen kann. Hier ging sie so:

*Aufbruchsstimmungs-Musik, patriotische Männerstimme:

271

Roy und Tiffany waren ursprünglich Schäfer. Als 1991 die Preise für Wolle fielen, hatten sie aufgrund der wirtschaftlichen Situation auf der Insel eine schwere Zeit. Sie fingen von null an, nutzten echtes Aussie-Know-How und Busch-Einfallsreichtum, und produzieren heute die Essenz von Australien: Eukalyptusöl …

In den nächsten fünfzehn Minuten sang die patriotische Männerstimme das Loblied auf Roy und Tiffany als Retter der australischen Eukalyptusöl-Industrie. Einst sei es eine der wichtigsten Industrien der Känguru-Insel gewesen, mit fast fünfzig Destillerien und sechshundert Arbeitern. Bis in den Fünfzigern andere Bereiche, zum Beispiel Schafwolle, wichtiger wurden und die Eukalyptusöl-Produktion in Australien beinahe verschwand.

Dann erklärte eine junge Tiffany mit lockigem brünetten Haar und grüner Weste in bester Verkaufsmanier, wie großartig das Öl sei: zur Körperpflege, als Reinigungsmittel im Haus, bei Erkältungen und Hautverletzungen.

Roy erschien als anpackender Farmer, der nach zahlreichen Experimenten schließlich den einzigartigen Känguru-Insel-Schmalblatt-Eukalyptus als perfekte Anbaupflanze findet, »berühmt für sein Aroma«. Roy baute den Eukalyptus in Reihen an und erntet ihn nach ein bis zwei Jahren in Buschhöhe. Dann ging es an die Ölproduktion.

Für mich war faszinierend, dass alles nach Abenteuerspielplatz aussah. In Deutschland hätten die TÜV-Prüfer von Roys Aussi-Know-How wohl einen Herzinfarkt bekommen. Auf seinem Friedhof der Transformer warf er die Blätter in einen beuligen, rostigen Metallzylinder und machte darunter ein großes Feuer. Anschließend wurden die Dämpfe durch diverse Rohre geleitet, bis das Öl in einen Plastikkanister floss.

Alles, was ich nie über Eukalyptusöl wissen wollte, bekam ich nun in endlosen Wiederholungen des alten Films eingetrichtert. Bereits nach einem Tag Indoktrination war ich zum Eukalyptuszombie mutiert. Wie musste es dann erst Roy gehen, der seine Lebensgeschichte seit Jahren jeden Tag zu hören bekam.

»Frag nicht«, schüttelte er den Kopf.

Wann immer es ging, arbeitete er draußen.

Meistens machte er Führungen für die Touristen über Hof und Anlage und erklärte wieder und immer wieder, wie er Eukalyptus pflanzte, erntete und zu Öl verarbeitete.

Tag ein, Tag aus.

Nena und ich hatten zum Glück schon früh Feierabend. Als unbezahlte Volunteers durften wir nicht mehr als fünf Stunden am Tag arbeiten. Im Laden wurden wir von allen nur die »Backpacker« genannt. Es war ähnlich wie in Roys Haus: Es waren ständig Backpacker da, nur die Gesichter und Akzente änderten sich.

Die Frage lautete also schon am ersten Tag: Was machen wir den Rest der Zeit? Es war erst zwei, und Roy würde noch bis abends arbeiten.

Kingscote lag zwanzig Kilometer hinterm Busch.

Wir hatten kein Auto, und die einzigen Busse, die es hier gab, waren die Reisebusse der Touristen.

Also erkundeten wir die Gegend zu Fuß.

Wie die Kängurus verschwanden wir in den kleinen Eukalyptuswald hinter dem Strohbett. Die Hüpfer mussten hier irgendwo sein, ließen sich aber nicht blicken.

Nena und ich folgten einem Sandweg durch den Wald und erreichten bald weite Felder, über denen der blaue australische Himmel wolkenlos strahlte.

Zu unserer Rechten lag ein dunkler Tümpel. Er sah aus wie ein Sumpf, gespenstisch mit lauter Baum-Skeletten ringsum und sogar im Wasser.

Hier hätte sich jedes Krokodil wohlgefühlt, dachte ich mir.

Neben Koalas und Kängurus ist auch das Krokodil ein typisches Australien-Tier. Na ja, nicht ganz so typisch. Aber das Reptil gibt es hier in Süß- und Salzwasservarianten – und beide sind tödlich.

Ein Replikat des größten je gesichteten Krokodils steht heute im Bundesstaat Queensland. Ein saurierähnliches Monstrum mit einer Länge von 8,63 Meter. Es ist nach seiner unwahrscheinlichen Killerin benannt: »Krys«, eine junge Blondine aus Polen, die das Tier 1957 geschossen haben will.

Krystina Pawlowski, die gerne Dschungel-Armeeuniform und knallroten Lippenstift trug, und ihr Mann waren Krokodiljäger. Später wurde Krys (die Blonde) Tierschützerin und bereute ihren Abschuss zutiefst. Experten bezweifeln ihre Story übrigens als Krokolatein.

274

Wie auch immer, ich zog aus der Geschichte eine wichtige Lehre: In Australien hatte man besser eine starke Frau an seiner Seite.

Zum Glück hatte ich Nena dabei. Sie konnte nichts schrecken. Keine Riesenkrokodile und keine Spinnen oder Schlangen, die hier ebenfalls jederzeit auftauchen konnten.

Erst als sie die beiden Kajaks sah, die am Seeufer lagen, verzog sie entsetzt das Gesicht.

Ich verstand nicht ganz warum, schließlich gehörten sie Roy. Und das Beste: Wir durften sie benutzen. Auch vor Krokodilen brauchten wir keine Angst zu haben, hier im Süden gab es nämlich keine, sie bevorzugten den wärmeren Norden Australiens.

Trotzdem stieg Nena nur widerwillig in ihr blaues Plastikkajak.

»Muss das sein?«

Ich paddelte in meinem schon mal vor. Nach meiner furchtbaren Kajak-Erfahrung in Kanada vermied ich es diesmal allerdings, für eine Abkühlung ins Wasser zu springen. Und wer wusste schon, ob nicht doch etwas Gefährliches in diesem Tümpel lebte.

Allerdings wirkte das Gewässer von seiner Mitte aus richtig friedlich. Auf den Baumskeletten, die aus dem Wasser ragten, schliefen ein paar Vögel.

Neugierig erpaddelte ich jeden Winkel.

Bis plötzlich die Vögel aufschreckten und davonflogen. Was war das?

Der Grund war kein Krokodil, sondern eine laut fluchende Nena, deren Kajak undicht war.

»¡Kayak de mierda!«

Bevor sie unterging, paddelten wir lieber schnell zurück.

Draußen vor der Scheune senkte sich bereits die Sonne.

Mit langen Schritten eilten wir zurück zum Laden und hielten nicht mal an, um die Kängurus im Eukalyptuswald zu beobachten.

Roy wartete schon ungeduldig.

Denn an diesem Tag kam seine Frau Tiffany zurück, die wir nun endlich kennenlernen würden.

Roy war ja eher der Typ stilles Wasser.

Zwar machte er gerne markige Sprüche und gab hier und da seinen Senf dazu. Aber besonders viel redete er nicht.

Tiffany war hingegen vom Schlag Wasserfall.

Die Frau mit den welligen, brünetten Haaren redete ununterbrochen. Und ließ außerdem ihr Telefon nie länger als zwei Minuten aus den Augen. Offenbar gab es ständig eine Textnachricht oder E-Mail zu beantworten.

Wenn Roy unser mürrisch-zynischer Gastpapa war, dann war Tiffany unsere Helikopter-Mutti.

Sie wartete bereits im Haus in Kingscote auf uns.

»Hallloooooo«, rief sie, »da sind ja die neuen Wwoofer!«

Wwoofing (»World-Wide Opportunities on Organic Farms«) war sozusagen der Vorläufer vom Volunteering.

Als die beiden anfingen, sich freiwillige Helfer ins Haus zu holen, kamen die über diese Plattform.

Für Tiffany waren wir daher nur die Wwoofer.

Sie entschuldigte sich sofort, dass sie »so lange« nicht da gewesen war, um uns einzuarbeiten. Das komme sonst nie vor. Aber ihre Tochter in Adelaide habe Hilfe mit dem neu geborenen Enkelkind gebraucht.

Als Nächstes trug sie Roy auf, Pizza für alle zu bestellen; sie sei vor lauter Nachrichtenbeantworten nicht zum Kochen gekommen.

Er tat wie geheißen, und ich musste fast weinen, als ich hörte, dass Pizzabestellen auf der Känguru-Insel an die achtzig Euro kostet. Zum Glück luden sie uns ein.

Bald saßen wir alle wie eine Familie auf der großen Ledercouch im Wohnzimmer und schauten gemeinsam Fernsehen. Ähnlich wie in Deutschland waren zurzeit vor allem solche Kochsendungen angesagt, in denen Teams gegeneinander antraten und ihr Essen von einer Jury bewerten ließen. Besonders populär war der »Seafish King«, ein Fiesling, der die anderen Teilnehmer ständig beleidigte.

Während Tiffany, Nena und Roy Glotze schauten, spielte ich gegen mich selbst Snooker auf dem gigantischen Billardtisch.

Alle paar Minuten quittierte Tiffanys Handy eine neue Nachricht mit einem lauten »Wusch!«.

»Wir müssen morgen früh noch die neue Ware abholen, Roy. Hörst du, Roy?«

»…«

Wusch!

»Weißt du, wer morgen im Laden Schicht hat, Roy? Hörst du, Roy?«

»…«

Wusch!

»Nächste Woche kommen noch zwei Touristenbusse mehr. Haben wir genug Eukalyptusöl abgefüllt, Roy? Hörst du, Roy?«

»…«

Roy starrte auf seinen Laptop und suchte nach interessantem Schrott … äh … Objekten zum Ersteigern.

»Roy, hörst du mir zu?«

»JA, TIFFANY, ICH HÖRE DIR ZU. ALLES IST ERLEDIGT. LASS MICH DOCH MAL ZEHN MINUTEN IN RUHE!«

»Ich hab ja nur gefragt.«

Wusch!

Nach seinem Wutausbruch nippte er wieder schweigend an seiner Whiskey-Cola-Dose.

Vierunddreißig Jahre waren die beiden schon verheiratet.

Auf einem Schränkchen stand ihr Hochzeitsfoto. Die junge Tiffany im Brautkleid sah aus wie Prinzessin Diana. Und Roy im Anzug wie Kevin Bacon im Film *Footloose*.

Die beiden kannten sich seit der Grundschule von Kingscote.

Tiffany stammte aus einer Familie deutscher Einwanderer, die während des Zweiten Weltkriegs aus Ostpreußen geflohen waren.

Roy war hingegen ein klassischer Australier: Sein Ur-urgroßvater war ein verurteilter Straftäter, den Groß-britannien im frühen neunzehnten Jahrhundert wie Tausende andere Kriminelle (verurteilt wurde man bereits für das Stehlen einer Scheibe Brot) in die neuen Strafkolonien nach Australien verschiffte. Tatsächlich gehörte der Vorfahre zu den ersten Siedlern der Känguru-Insel.

Roy und Tiffany wurden schon im Kindesalter ein Paar. Sie war im Pony-, er im Jagdclub.

Mit vierzehn brach er, als Sohn einfacher Farmer, die Schule ab, um auf dem Festland Geld zu verdienen. Erst als Mechaniker, dann als Schafscherer. Derweil blieb er mit Tiffany telefonisch in Kontakt, die ebenfalls wegen unterschiedlichster Jobs durchs Land zog, von der Beauty-Beraterin bis zur Mikrowellenverkäuferin.

Als Roys Vater schließlich altersbedingt die Schaf-Farm abgeben wollte, zogen die beiden zurück auf die Känguru-Insel und bauten sich ihre Existenz auf.

Trotz aller Reibungen waren sie inzwischen ein eingespieltes Team. Roy baute und werkelte – Tiffany managte und redete.

Selbst derbe Rückschläge konnten die beiden nicht stoppen. Erst vor Kurzem hatten die Ärzte bei Tiffany einen Gehirntumor festgestellt, der zwar gutartig zu sein schien, doch trotzdem ständig beobachtet werden musste.

Zudem war das Ehepaar aufgrund seines Geschäfts hoch verschuldet und zahlte monatlich Kredite ab.

Und dann waren sie auch noch von einem ihrer Angestellten bestohlen worden.

»Der freundlichste und seriöseste ältere Herr, den man sich vorstellen kann«, sagte Tiffany, habe über Jahre Geld aus der Kasse gestohlen.

Ja, sogar eine Wwooferin hatte die beiden beklaut und ließ kostbaren Schmuck mitgehen, den Tiffany geerbt hatte.

Schon mehrfach hatten Roy und Tiffany vor dem Ruin gestanden. Doch sie fanden immer irgendwie einen Weg. Aufgeben kam nicht infrage.

Um Miete zu sparen, hatten sie früher mit ihren drei kleinen Kindern direkt im Laden gewohnt, oder im Wohnwagen, dann in Holzhäusern, die Roy selbst auf dem Farmgelände gebaut hatte. Sie lebten zeitweise in dem alten Schulbus, der auf dem Friedhof der Transformer stand; Roy hatte ihn einst ersteigert und zur Wohnung ausgebaut.

»Eigentlich war es eine glückliche Zeit«, erinnerte sich Tiffany, und sogar Roy grinste in seinen Laptop.

Es war beeindruckend, was die beiden alles einstecken konnten. Und dass sie trotzdem weitermachten und ihren Mitmenschen immer noch vertrauten. Schließlich kannten sie auch Nena und mich erst seit kurzer Zeit. Sie hatten uns in ihr Zuhause aufgenommen, wo wir stundenlang alleine und unbeobachtet waren.

Nicht nur das: Sie waren auch noch unfassbar großzügig.

»Habt ihr denn schon was von der Känguru-Insel gesehen?«, fragte Tiffany plötzlich, während der Seafish King im Fernsehen wieder irgendeine Gemeinheit über die Kochkünste seiner Kontrahenten von sich gab.

Nein, hatten wir nicht.

Außer natürlich beim Kajakfahren im krokodilfreien Tümpel hinter dem Laden. Ansonsten waren wir bisher nur zwischen dem Haus in Kingscote und der Eukalyptusfarm hin und her gependelt.

»Was? Das geht doch nicht«, erregte sich Tiffany.

Nun bestand sie darauf, dass wir unbedingt eine mehrstündige Inseltour machen mussten. Sie hatte eine Freundin, die Insel-Volunteers (offenbar war es bei den Einheimischen normal, sich Freiwillige als Helfer zu halten, war das schon eine Art Menschenhandel?) in ihrem Jeep herumfuhr und Führungen gab. Für etwa fünfzig Euro pro Person.

Da war sie bei Nena und mir an die Falschen geraten. Denn erstens waren wir auf Weltreise und mussten unser Budget zusammenhalten. Und zweitens waren wir so ziemlich das Sigthseeing-faulste Pärchen auf dem Planeten. Es genügte uns völlig, hier auf der Känguru-Insel den Alltag bei Roy und Tiffany zu erleben.

Aber Tiffany wollte kein Nein akzeptieren.

In den nächsten Tagen sprach sie das Thema immer wieder an. Schließlich gelangte sie zur Überzeugung, dass wir zu arm für die Tour waren.

»Ich lade euch ein, und keine Widerrede, das ist mein letztes Wort!«, verkündete sie eines Abends vor dem Fernseher.

Nena, die wirklich keine Lust hatte und sich aus Stolz nur ungern einladen ließ, raunte, dass ich doch alleine fahren solle.

Ich willigte ein.

Schließlich hatte die Känguru-Insel auch einen Nationalpark und zahlreiche Buchten mit Robben und Pinguinen zu bieten. Und: Auch nach einer Woche hatte ich immer noch keinen einzigen Koala gesehen. Wenn man bedenkt, dass es hier angeblich eine Koalaplage gab, eine einzige Frechheit.

»Oh schön, dann sag ich Susi Bescheid, dass du mitfährst«, freute sich meine Gastgeberin und fügte lachend hinzu: »Du bist dann der einzige Mann mit drei jungen Frauen!«

Daraufhin verengten sich Nenas Augen zu engen Schlitzen: »Du mit drei jungen Frauen? Nur über meine Leiche! Ich komme mit.«

So viel dazu.

Ein paar Tage später rollte ein dunkler Jeep vor. Eine kleine Frau mit Brille und Känguru-Insel-Kappe sprang heraus. Das war Susi.

»Na, dann steigt mal ein«, sagte sie.

Nena schielte misstrauisch ins Auto auf die drei jungen Volunteerinnen, alle Anfang bis Mitte zwanzig. Eine aus Ungarn, eine aus Italien und eine aus Frankreich. Ihr freundliches Winken konnte Nenas Gesicht nicht aufhellen.

Ich war der Größte im Auto und durfte daher auf dem Beifahrersitz Platz nehmen.

Nena hatte weniger Glück. Weil die Rückbank mit den drei Mädels schon voll war, klappte Susi Richtung Kofferraum einen kleinen schwarzen Plastiksitz um.

»Sorry, es ist leider nur noch der Kindersitz frei.«

Nena war mit einmeterzweiundsechzig zwar nicht groß, doch der Plastiksitz war trotzdem viel zu klein für sie. Nur mit Mühe zwängte sie sich halbwegs hinein und hatte den Kopf fast zwischen den Knien.

»Gehts?«

»Ist schon gut«, brodelte der kanarische Vulkan.

Das würde sicher ein toller Tag werden. Ich sprach vorsichtshalber kein Wort mit den jungen Damen, auch auf die Gefahr hin, unhöflich zu wirken. Sicher war sicher.

Und so rollte unser Jeep los.

Zunächst Richtung Westen, in den Flinders-Chase-Nationalpark, ein über dreihundertzwanzig Quadratkilometer großes Naturreservat. Der Weg dorthin führte immer geradeaus; eine scheinbar endlose Sandstraße durch den Busch. Über uns leuchtete der blaue Himmel.

Und Susi erzählte ein paar Anekdoten.

Zum Beispiel, dass es hier Grasbäume gab, mit Kronen aus dünnen grünen Halmen, die aussahen wie Puschel. »Die wachsen nur anderthalb Zentimeter pro Jahr und werden uralt.«

Oder vom Unterschied zwischen Kängurus und Wallabys. »Kängurus sind nicht nur größer; ihre Schwänze sind auch eine Verlängerung vom Rücken. Das heißt, sie können sich aufstützen und treten.«

Und natürlich vom großen Koala-Krieg.

Plötzlich stieg Susi auf die Bremse, sodass Nena fast von ihrem Kindersitz flog.

War da etwa ein Koala?

Nein, aber genauso gut: Da tappselte doch tatsächlich ein kleiner Schnabeligel von rechts nach links über die Straße. Die Tiere haben lange schwarzgelbe Stacheln auf dem Rücken und sind mit dem Schnabeltier die einzigen Säugetiere, die Eier legen.

»Der erste Europäer, der den Schnabeligel zeichnete, war der berüchtigte Kapitän der Bounty, William Bligh«, erklärte Susi. »Danach hat er ihn gegessen.« Vielleicht rollte sich das Tier deshalb so panisch zusammen, als die Mädels es fotografieren wollten.

Wir fuhren weiter und erreichten an der Südküste den Indischen Ozean. Die Landschaft hinter uns bestand aus Felsen und niedrigen Büschen, so weit das Auge reichte.

Rechts von uns lag eine der Hauptattraktionen der Insel: die »bemerkenswerten Felsen« (Remarkable Rocks).

Sie waren tatsächlich äußerst bemerkenswert; an der Grenze zum Extraterrestrischen. Gewaltige graurötliche Brocken mit Zacken, Löchern, Bögen, Höhlen und Rundungen, die über dem Ozean thronten. Sie waren in fünfhundert Millionen Jahren von Regen, Wind und Wellen geformt worden. Beeindruckt kletterte ich zwischen den haushohen Steinen herum.

Anschließend fuhren wir weiter westlich zum »Admiralsbogen«, einem Felsen, den die Wellen so lange bearbeitet hatten, bis er völlig ausgehöhlt war.

Ohrenbetäubend und schäumend donnerte die Brandung gegen die steile Küste. Trotz des Kraches lagen ein paar nass glänzende, graubraune Robben faul auf den Felsen unter uns. Die Tiere gehörten zu einer Kolonie Neuseeländischer Seebären, die hier lebte.

Überhaupt hätte die Känguru-Insel auch Robben-Insel heißen können. Denn es gab hier auch noch Australische Seelöwen und Südafrikanische Seebären.

Tatsächlich gehörten Robbenjäger zu den frühesten Siedlern der Insel. Heute waren die Tiere zum Glück geschützt.

Nach einem langen Spaziergang durch die raue, windige Küstenlandschaft ging es schließlich zurück nach Kingscote.

Obwohl es eine schöne Tour mit tollen Tieren gewesen war, saß ich unzufrieden auf dem Beifahrersitz.

Und schuld war der Koala. Keiner hatte sich blicken lassen. Obwohl es ja eine Plage geben sollte. So langsam vermutete ich, dass sie etwas gegen mich hatten.

Als wir wieder auf einer schnurgeraden Straße durch den Busch fuhren, sah ich lediglich einen kleinen, dicklichen grauen Hund am Straßenrand rennen. Er sah recht ulkig aus, etwas ungelenk, und ihm schien der Schwanz zu fehlen. War das etwa ein …

»KOALA!«, kreischten die drei Mädels auf der Rückbank.

Susi bremste, sodass ich Angst hatte, mir würde der Airbag ins Gesicht knallen.

Endlich sah ich ihn.

Dieser Koala hier verbrauchte beim Rennen gerade seine ganze Tagesration an Aktivität.

Sobald wir mit gezückten Kameras aus dem Jeep stiegen, flüchtete er auf den nächsten Eukalyptusbaum.

»Vorsicht«, warnte Susi, »die haben scharfe Krallen. Wenn der euch mit einem Baum verwechselt und hochklettert, schlitzt der euch auf.«

Als Gruppengrößter nahm ich mir die Warnung besonders zu Herzen.

Doch der Koala saß schon sicher oben im Baum. Und ich blickte von unten auf seinen pelzigen, schwanzlosen Hintern.

»Wisst ihr, wie der Koala seinen Schwanz verlor?«, fragte Susi an den Baum gelehnt. Dann erzählte sie eine Episode aus der »Traumzeit«-Legendensammlung der Aborigines.

Schuld war demnach das Känguru.

Und das kam so:

Vor langer Zeit gab es eine große Dürre. Der Koala und das Känguru waren Freunde und litten gemeinsam Durst. Da schlug das Känguru vor, ein tiefes Loch zu buddeln, um Wasser zu finden. Der Koala willigte ein, tat dann aber so, als sei er zu krank, um zu graben. Und so arbeitete das Känguru allein, viele Stunden, bis es endlich auf Wasser stieß. Nun sprang der Koala plötzlich auf, stieß sei-

nen Freund beiseite und stürzte ins Loch, um zu trinken.
In dem Moment verstand das Känguru, dass es betrogen
worden war. Während der Koala trank, den Hintern hoch
gestreckt, schlich sich das wütende Känguru heran und
schnitt ihm mit einem scharfen Stein den Schwanz ab.

Armer Koala, fand ich. Die Strafe ging dann doch etwas
zu weit.

Die Exkursion war bald zu Ende, und es kam unser letzter Tag auf der Insel.
Ein letztes Mal die Känguru-Insel-Kängurus auf ihrem
Strohbett füttern. In den vergangenen vier Wochen hatten sie sich an mich gewöhnt und hüpften nur noch ein
paar Zentimeter weg, wenn ich den Futtereimer aus-
schüttete.
Ein letztes Mal im Laden stehen – in dem Tiffany un-
mittelbar, nachdem sie zurückgekommen war, das Regime übernommen hatte. Ein letztes Mal knisternde
Geschenktütchen packen, direkt neben dem Gehirnwä-
sche-Film:

Roy und Tiffany waren ursprünglich Schäfer. Als 1991 die
Preise für Wolle fielen …

Aaaahhhhh, bitte aufhören!
Roy durfte draußen endlich wieder in Vollzeit basteln,
werkeln und Eukalyptusöl produzieren.
Drinnen war an unserem letzten Tag die Hölle los. Die

Mutter aller Kreuzfahrtschiffe – die Queen Mary 2 – hatte an der Känguru-Insel angelegt und schickte Busladungen an Touristen vorbei.

Nena musste mit einem kleinen Tablett im Laden herumlaufen und Känguru-Insel-Honigbonbons an die Besucher verteilen.

Und dann tat Tiffany etwas komplett Wahnsinniges: Sie setzte mir eine junge französische Volunteerin direkt an den Tisch, um mir beim Tütchen-Packen zu helfen.

Zunächst ging alles gut.

Dann bemerkte es Nena, die mit ihren Honigbonbons gerade hinter einer Plüschrobbe stand. Ihre Augen verengten sich zu den wohlbekannten Schlitzen.

Und ich weiß nicht, warum, aber irgendwie kam mir die Geschichte in den Sinn, wie das Känguru dem Koala den Schwanz abschnitt.

Zum Glück überstand ich den Aufenthalt auf der Känguru-Insel unversehrt. Nena und mir fiel der Abschied von unseren Gasteltern schwer – für Roy und Tiffany war es hingegen Routine, außerdem zogen ja schon bald ihre nächsten Volunteer-Kinder ins Haus.

Aber die Traurigkeit verflog schnell, jedenfalls schneller, als wir flogen. Australien ist nämlich wirklich am Ende der Welt, und die Känguru-Insel am Ende Australiens.

Namibia

Unter Weißen

Das war mir jetzt doch ziemlich unangenehm. Ich erzählte gerade in den schillerndsten Farben vom Ausflug in den Safaripark Erindi im Herzen Namibias. Und von all den fantastischen Tieren, die Nena und ich dort gesehen hatten. Der Campingplatz war um ein großes Wasserloch angelegt, an dem eine Nilpferdmama mit ihrem Kleinen lebte. Und auch ein Krokodil lag faul herum, offenbar gab es am Wasserloch so eine Art tierische Waffenruhe. Die meiste Zeit sah man nur die Nasenlöcher der Tiere, aber ab und zu schossen die Mäuler aus dem Wasser. »Die waren riesig, Alien.«

Er nickte wissbegierig. Alien, so hieß der Mann für alles hier; Hausmeister und Gärtner in einem. Ich berichtete ihm, dass wir in einem nur Smart-großen Auto durch den Safaripark kurvten, weil es der günstigste Mietwagen gewesen war. Sonst waren auf den ungepflasterten Huckelpfaden Erindis nur gewaltige Vierradantrieb-Jeeps unterwegs.

Einmal waren wir plötzlich inmitten einer wilden Giraffenherde gefahren, und die halsigen, gefleckten Tiere glotzten kauend von oben auf uns herab. Auch Zebras,

Steinböcke, Säbelantilopen und Erdmännchen tauchten am Wegesrand auf.

»Dann war die Straße vor uns plötzlich überflutet wie ein kleiner See. Wir konnten entweder umkehren – oder durchfahren. Und wir habens echt geschafft, in einem Kleinstwagen!«

Alien lachte mit mir.

Schließlich waren wir sogar an drei Löwenmännchen vorbeigefahren, die faul an einem anderen Wassserloch lagen.

»Und dann war da eine ganze Elefantenherde!«

Mehr als dreißig graue Giganten und zwei Babyelefanten waren durch den dichten Busch marschiert. Im Vergleich zu ihren asiatischen Verwandten, die ich in Sri Lanka gesehen hatte, fielen die viel größeren Ohren auf. Außerdem waren diese Tiere hier, anders als in der singhalesischen Elefantenstiftung, frei. Der Anblick löste in mir ein unglaubliches Glücksgefühl aus.

Einfach unbeschreiblich.

Alien hatte aufmerksam zugehört, lächelte still und sagte plötzlich: »Ich hab noch nie solche Tiere gesehen.«

Da war ich baff.

Denn der Mittvierziger stammte aus Namibia und hatte sein ganzes Leben in dem Land verbracht. Noch nie war er woanders gewesen. Sein Stamm, die Damara, streiften seit Jahrhunderten durch die trockene Buschlandschaft. Und doch hatte Alien noch nie die heimischen Tiere gesehen, wie ich im Safaripark. Dabei war ich da gerade mal ein paar Tage im Land.

»Es ist einfach zu teuer, Bruder.«

Alien verdiente als Hilfsarbeiter gerade genug, um sich selbst, seine Frau und die zehn Kinder zu ernähren sowie ab und zu mit dem Bus zu seiner Familie zu fahren. Es war natürlich nur Zufall, dass sein Name auf Englisch »Außerirdischer« bedeutet, doch genauso wirkte er an diesem Ort. Denn er war der einzige Mensch hier mit dunkler Haut. Und das, obwohl nur fünf Prozent der menschlichen Bevölkerung Namibias Weiße sind.

Doch ich muss von vorne beginnen.

Was machte ich überhaupt in Namibia? Einem Land ganz im Südwesten Afrikas, zwischen Botswana, Angola und Südafrika.

Ich stand mit Alien gerade in gut zweitausend Metern Höhe im Khomashochland, kurz hinterm Kupferberg-Pass. Um uns herum lagen kilometerweit nur menschenleere Hügel, die mit gelbem Gras und dornigen Büschen bewachsen waren. Ich war inzwischen einige Hundert Kilometer vom Safaripark entfernt und würde in diesen Wochen lernen, dass nicht Löwen, Nilpferde oder Elefanten die härteste Aufgabe für einen Tiersitter waren.

Sondern Menschenkinder.

Ich war nämlich in einem Ferienlager gelandet – und neben Hühnern, Enten, Katzen, einem Kakadu und zwei Pfauen hatte ich mich hier auch um meine heranwachsenden Artgenossen zu kümmern.

Ganz ehrlich: Bevor ich als Volunteer für ein Ferienlager in Namibia anheuerte, hatte ich mir das irgendwie anders vorgestellt. Rund fünfundneunzig Prozent der Bevölkerung haben dunkle Haut. Also hatte ich auch mit schwarzen Kindern gerechnet. Doch der einzige Schwarze auf der Anlage war der Hausmeister.

Wie zu Zeiten des rassistischen Apartheid-Systems lebte Alien in einem abgesonderten Bau für Bedienstete. Alle anderen Menschen hier waren weiß bis hellbraun. Die sechzehn Kinder, wir sieben Volunteer-Betreuer aus Europa und natürlich die Hausherren: Susan und Steve, Nachfahren deutscher und burischer Einwanderer. Sie sprachen die Zunge der einstigen Kolonialherren im südlichen Afrika, Afrikaans, und Englisch, das im Vielsprachenstaat Namibia Amtssprache ist.

Ich hatte die beiden auf der Internetseite von Workaway gefunden. Sie suchten Helfer für ihr Ferienlager etwa zwanzig Kilometer entfernt von der Hauptstadt Windhuk. Susan arbeitete dort als Lehrerin an einer Schule.

Da sie auf der Internetseite keine Fotos von sich gezeigt hatten, erfuhr ich erst nach der Ankunft, wie weiß sie aussahen: Susan war um die fünfzig, schlank und trug eine brünette Moppfrisur. Steve, ergrauter Schnurrbart, militärischer Bürstenschnitt – glich Action-Legende Chuck Norris.

Zwar war er vor Kurzem in Rente gegangen. Doch sein ehemaliger Job haftete ihm immer noch an wie ein Orden an der Brust. Er war hoher Offizier in der härtesten Eliteeinheit der Polizei gewesen. So was wie die namibische GSG 9. Steve misstraute allem und jedem und hatte immer alles im Griff.

Trotz der Kultur-austauschenden Volunteers und der Kinder herrschte eine seltsam angespannte Atmosphäre. Vor allem weil die Weißafrikaner aus ihrer Meinung über die dunkelhäutigen Landsleute keinen Hehl machten. Mit Alien sprachen sie nur, wenn es Befehle zu erteilen gab. Steve schloss aus seiner lebenslangen Polizeikarriere, dass »das kriminelle Element« bei Schwarzen leider viel ausgeprägter sei als bei Weißen.

Und Susan berichtete schockiert von dem einen Mal, als sie ein dunkelhäutiges Mädchen im Ferienlager gehabt hatten. Die sei nicht ganz richtig im Kopf gewesen, habe an Geister und Dämonen geglaubt und die anderen Kinder erschreckt.

»Nie wieder«, schüttelte sie ihren Kopf.

Kurzum: Mir dämmerte schnell, dass ich bei weißen Rassisten gelandet war.

Und das Schlimmste: Steve war davon überzeugt, dass ich nach einem Monat hier selbst zum Rassisten mit schlechter Meinung über dunkelhäutige Menschen mutieren würde.

»Am Anfang kommen die Volunteers aus Europa immer mit ihren Ideen von Toleranz und Gleichheit«, verkündete er. Doch dann würden sie das echte Leben in Namibia kennenlernen.

Das war mir doch ziemlich unangenehm.

Aber für einen Rückzieher war es zu spät.

Selbst wenn wir es gewollt hätten: Wir kamen hier so einfach nicht mehr weg. Die nächste Bushaltestelle lag weit entfernt.

Susan hatte Nena und mich mit einem großen Allrad-Jeep aus der Hauptstadt Windhuk abgeholt und uns ins einsame Khomashochland gefahren. Im Westen lag die älteste Wüste der Welt, Namib, und im Osten die weite Savanne Kalahari. Hier in den Bergen wuchsen unter dem weiten afrikanischen Himmel nur hohes Gras, Büsche und einige knorrige Bäume. Braun, Rot und Gelb bestimmten die Farbpalette der Trockenheit. Wasser fand sich nur tief im Boden.

Im Umkreis von vielen Kilometern gab es keine anderen Menschen. Namibia ist nach der Mongolei das am dünnsten besiedelte Land der Erde. Mehr als doppelt so groß wie Deutschland, aber nur 2,4 Millionen Einwohner.

Irgendwann hatten wir im Jeep auf einer unbefestigten Straße ein Metalltor erreicht, das einsam in der Landschaft herumstand. Nach links und rechts zog sich wie eine endlose Linie ein elektrisch geladener Zaun in die Ferne.

Susan öffnete das Tor mit einer Fernbedienung, und wir befanden uns auf ihrem Land. Sechsunddreißig Hektar beinahe unberührte Natur.

Vom Jeep aus hatte ich Warzenschweine gesehen, deren aufrechte Schwänze zwischen den Grashalmen entlangschwammen wie U-Boot-Periskope. Auf dem Tor saß ein Pavian mit dichtem grauen Fell, der uns mit seinen gelben Augen regungslos anstarrte.

Auch anmutige Oryxantilopen (der Name ist Altgriechisch für »spitzes Eisen«) mit langen Hörnern und schwarz-weiß gestreiften Gesichtern zogen hier umher. Und Susan konnte nicht ausschließen, dass sich mal Leoparden und Geparden aufs Gelände verirrten.

Schluck.

Die Sonne senkte sich bereits, als der Jeep schließlich in unserem neuen Zuhause auf Zeit einrollte. Mit Häusern, wie ich sie aus Deutschland kannte, hatte das hier nichts zu tun.

Auf einem Berg thronte über dem umliegenden Land ein ganzer Komplex von Häuschen und Hütten, angelegt um einen großen Garten inklusive Pool. Im allgemeinen Sprachgebrauch nennt sich so etwas Lodge.

Fünf der Hütten waren gelb mit Grasdächern und standen wie Wächter an einem Hang. Jedes mit einer Terrasse auf Holzstelzen, von der man den Sonnenuntergang über der Hügellandschaft einatmen konnte. Dahinter begann zaunlos ein Garten mit großen stangenartigen Kakteen, Büschen, Blumen, Palmen und einem Pfefferbaum. Am Garten lagen wie im Rechteck angeordnet weitere, ebenfalls gelbe, grasbedachte Bauten – auch das große, in dem Susan und Steve lebten, sowie zahlreiche Nebengebäude.

Herzstück der Lodge war das »Lapa«, ein bei den Buren beliebtes Gebäude, das mit seinem zeltartigen Aufbau aus Holz und Grasdach an traditionelle afrikanische Hütten erinnern soll. Nur war es sehr viel größer; es fasste gut hundert Quadratmeter.

Insgesamt bot die Lodge Unterkunft für wenigstens fünfzig Menschen.

Mir war es ein Rätsel, wie Susan und ihr Mann zu zweit in dieser Palastanlage im Nichts leben konnten. Denn Ferienlager fanden hier ja nur für einige Wochen im Sommer statt.

»Das war früher mal ein Safarihotel«, erklärte Susan, die unsere erstaunten Gesichter bemerkte.

Der Vorbesitzer habe es verkauft, nachdem ein Löwe einen Angestellten gefressen habe.

Moment, was?

»Ja«, meinte unsere Gastgeberin trocken. »Er hatte vergessen, das Tor des Geheges richtig zu schließen.« Doch keine Sorge, die Löwen und alle anderen Safaritiere seien nach dem Verkauf in einen Nationalpark gebracht worden.

Nur der Löwe, der den Wärter gefressen hatte, musste getötet werden.

»Haben die erst mal Menschenfleisch geschmeckt, wollen sie es immer wieder.«

Vorsichtig stieg ich aus dem Jeep.

Nun sah ich zum ersten Mal Steve, der in Jeans und kariertem Hemd aus einem der Häuser gelaufen kam und Susan zur Begrüßung einen Kuss auf die Lippen gab.

»Das sind die neuen Volunteers aus Deutschland und Spanien«, stellte sie uns vor.

»Von den Kanaren«, präzisierte Nena patriotisch.

Steve zerquetschte mit seinem Händedruck beinahe meine Hand und schaute mir über den Schnurrbart fest in die Augen. Mein Blick fiel auf die Pistole, die er in einem Halfter am Gürtel trug.

»Ist eine Glock«, erklärte er.

»Da war ein Pavian auf dem Zaun«, sagte Susan besorgt.

»Diese verdammten Mistviecher«, knurrte ihr Mann und streichelte den Pistolengriff. Die Primaten würden manchmal in Gruppen über Häuser herfallen und alles zerstören, was ihnen in den Weg kommt.

»Man muss sie erschießen, sonst kommen die immer wieder.«

Auch sollten wir beim Herumlaufen immer nach Schlangen Ausschau halten. Die seien fast immer giftig und würden sich gerne unter Steinen und in Erdlöchern verstecken.

So langsam verstand ich, warum Steve eine Pistole trug.

Susan führte Nena und mich erst mal etwa hundert Meter zu einer der gelben Grasdach-Hütten am Hang. Früher, erklärte sie, hatten Safarigäste viel Geld bezahlt, um darin schlafen zu dürfen. Jetzt konnten wir Volunteers in den Genuss der Doppelbetten und luxuriösen Holzmöbel kommen.

Jede Hütte war mit einem anderen Tier gekennzeichnet. Nena und ich lebten in der Chamäleonhütte unter den Augen afrikanischer Masken. Wir konnten kaum glauben, dass der geräumige Bau mit eigenem Bad und Sonnenuntergangs-Terrasse unser neues Zuhause sein würde.

Susan ging und überließ uns dem Sonnenuntergang über den namibischen Bergen.

Todmüde von der Reise fielen wir ins Bett.

So begann unsere Zeit im weißafrikanischen Ferienlager. Das heißt, fast. Denn das Wichtigste fehlte natürlich noch: die Kinder.

Die Bande würde erst in einigen Tagen eintreffen.

Ich nutzte die Ruhe vor dem Sturm, um die Lodge zu erkunden. Kurz nach Sonnenaufgang verließ ich die schlafende Nena in der Chamäleonhütte und spazierte mit dem kühlen Morgenwind durch den Garten. Große und kleine Steine markierten einen Weg, trennten Beete und umrundeten Bäume, Büsche, Blumen und Kakteen.

Mein Tiersitterherz schlug höher. Denn Susan und Steve lebten hier mit zahlreichen tierischen Mitbewohnern.

Auf der Terrasse vor ihrem Haus hing ein großer Käfig, in dem ein weißer Kakadu eifrig vor sich hinpfiff. Eine plüschige grau gestreifte Katze streifte umher, verfolgt von fünf ebenso plüschigen Kätzchen. Vier Enten quakten um einen künstlichen Teich. Wenigstens ein Dutzend Hühner und sechs Hähne saßen in einem Stall hinterm Haus.

Und dann begegnete ich unterm Pfefferbaum doch tatsächlich meinem Tiergeist, der mir bei der Schamanen-Sitzung erschienen war: Ein blau schimmernder Pfauenhahn schlug seinen Schwanz zum aufrechten Rad und sah mich mit hundert Augen an.

Der Legende nach entstand das glotzende Federkleid so: Die griechische Göttin Hera heuerte das riesenhafte hundertäugige Ungeheuer Argus an, um ihren Mann Zeus auszuspionieren. Aber Zeus ertappte Argus und ließ ihn töten. Daraufhin nahm Hera die Argusaugen und setzte sie auf die Federn des Pfaus.

Ob Nena – anstelle von Hera – diesen Vogel hier geschickt hatte? Schließlich hatte sie ebenfalls ein kleines Eifersuchtsproblem.

In Wahrheit sollen die falschen Augen des Pfaues aber wohl Feinde in die Flucht schlagen – mit dem Eindruck, sie stünden vor einer Horde großer Säugetiere.

Unser Exemplar war kurz davor, seinen typischen Schrei auszustoßen. In Indien, von wo der Pfau ursprünglich stammt, wird der Ruf mit »Minh-ao!« übersetzt: »Regen kommt!«, weil er oft kurz vor Unwettern zu hören ist.

Aber unser Pfau hob nur leicht den blaugrünen Kopf, öffnete den Schnabel und stieß einen markerschütternden Ton aus: TRÖT TRÖT!

Es klang wie eine alte Autohupe.

Mit dem klassischen Minh-ao hatte das nichts zu tun. Dann ließ das Tier sein schillerndes Augenrad fallen und flitzte los. Ein zweiter Pfauenhahn kam um die Ecke geschossen und flitzte ebenso trötend hinterher.

»Pass auf!«, hörte ich Steve rufen, der mit einer Kaffeetasse in der Hand auf der Terrasse vor seinem Haus erschienen war.

»Die wollen ins Lapa, lass sie auf keinen Fall rein!« Anscheinend liebten die beiden Pfauen es, den Katzen ihr Futter wegzufressen.

Wie sich herausstellte, waren die beiden schillernden Tröten Vater und Sohn. Die Mutter sei vor Kurzem von einem wilden Wüstenluchs gerissen worden.

Paviane, Schlangen, Wüstenluchse?

Ich fragte mich, ob Steve vielleicht noch so eine Pistole für mich hatte.

Ich ging ins Lapa, wo die Pfauen bereits am Katzennapf naschten. Nachdem ich sie verscheucht hatte, sah ich mich um.

Das Strohdach fiel schräg von der Spitze fast bis zum Boden und wurde nur von großen Fenstern unterbrochen. Die Wände waren wie überall gelb gestrichen.

Wirkte die Konstruktion für meine Augen von außen schon exotisch, so erreichte das Innenambiente *König-der-Löwen*-Level. Das lag vor allem daran, dass mich am Eingang ein echter Löwe anstarrte.

Mächtiger Körper, bespannt mit kurzem goldenen Fell, braune Mähne, der Blick, als fixiere er eine Antilope vor dem tödlichen Biss. Allerdings konnte dieser Löwe hier weder eine Antilope noch mich fressen. Er war leblos und ausgestopft – was mich zugleich froh und traurig stimmte.

Ob es jenes Männchen war, das den Wärter getötet hatte? Der Löwe war nicht das einzige ausgestopfte Tier hier. Unter dem Strohdach saßen auf Holzbalken verteilt im Raum zwei Geparden, ein gefleckter Leopard, und an der Wand hing ein grauer Honigdachs. Vorwurfsvoll schauten sie auf mich herab, so als ob sie jeden Augenblick zum Leben erwachen und blutige Rache nehmen könnten. Ich schluckte.

Inzwischen kamen Susan, Steve, Nena sowie die anderen Volunteers ins Lapa gelaufen, das als Essens- und Gemeinschaftsraum diente.

Meine Mit-Volunteers waren der dynamische Franzose Aurelien, die süßliche Kanadierin Sarah, die rundliche Portugiesin Maria und zwei bleiche südafrikanische Halbstarke, Tim und Tom, die aufgrund ihrer Unzertrennlichkeit nur die T-Boys genannt wurden.

Bei Cornflakes und Toast unter toten Raubkatzen erklärten uns unsere Gastgeber den Ablauf für die kommenden Wochen.

Sechzehn Kinder im Alter zwischen fünf und sechzehn Jahren würden in drei Tagen aus Windhuk eintreffen. Bis dahin sollten wir Volunteers ein ausführliches Programm für das zweiwöchige Ferienlager erarbeiten.

Weil Susan und Steve Wettbewerbe, für eine tolle Sache hielten, sollten die Kids auf zwei Gruppen verteilt werden, die miteinander um Punkte rangen.

Nena, der Franzose und ein T-Boy betreuten das eine, der andere T-Boy, die Portugiesin und die Kanadierin das andere Team.

Und was war mit mir?

Wegen meiner »natürlichen Autorität«, sagte Susan, sei ich der Chef der Aufseher, Organisator und Schiedsrichter bei allen Wettbewerben.

Gerade als meine Brust mit Stolz anschwellen wollte, lachte mir Nena ins Ohr: »Natürliche Autorität« hieß wahrscheinlich nur, dass ich mit Mitte Dreißig bei Weitem der Älteste unter den Volunteers war.

Da bis zum Eintreffen der Kinder noch Zeit war, wollten die Gastgeber unsere Volunteer-Kraft anderweitig nutzen – schließlich bekamen wir für unsere Dienste neben der romantischen Afrika-Unterkunft von Susan auch noch sämtliche Mahlzeiten gekocht.

Nena, die Kanadierin und die Portugiesin sollten überall aufräumen und den Garten pflegen. Offenbar herrschte hier ein sehr traditionelles Geschlechterbild.

Als echte Kerle würden wir hinterm Haus den kleinen Hühnerstall zu einem großen Gehege ausbauen, inklusive Pfosten, Dach und Maschendrahtzaun. Alles unter der Anleitung von Hausmeister Alien.

Bekanntlich lernt man sich nirgendwo so gut kennen wie beim Bau eines Hühnerstalls. Beim Schleppen von schweren Holzpfosten, dem Verdrahten von Zaun und ganz besonders: dem Einfangen von rasend schnellen Hähnen, die für die dreitägige Bauzeit in einen Ausweichkäfig gebracht werden mussten.

So erfuhr ich, dass der dickere der südafrikanischen T-Boys nicht nur Ähnlichkeit mit Elvis Presley hatte, sondern genauso schmalzig sang. »Your beautiful, it's true«, schmachtete er, während ich den flitzenden Federviechern hinterherjagte. Sein Kollege Tim war eher der schweigsame Typ. Mit trainierten Muskeln, blauen Augen und fast weiß blondierten Haaren stand er cool, aber untätig in der Gegend herum. Am motiviertesten war Franzose Aurelien. Der drahtige Achtzehnjährige stammte aus Montpellier und war ein echter Ferienlager-Veteran. Ständig verkündete er entweder »Come on, guys« oder »We can do this«.

Und dann war da natürlich noch Hausmeister Alien vom Stamm der Damara, der einzige Schwarze hier auf der namibischen Lodge. Er war Mitte vierzig, trug Blaumann und auf dem Kopf eine schiefe Schirmmütze. Wenn Alien redete, klang es nach Reggae. Er sprach mich entweder mit »Bradaofmein« (Mein Bruder) oder »Masta« (Meister) an.

Ich wusste nie, ob er das ironisch meinte.

Namibia hatte bis zur Unabhängigkeit 1990 faktisch zum Nachbarland Südafrika gehört. Das bedeutete, dass die Gesetze des rassistischen Apartheid-Regimes auch hier galten.

Als Alien so alt war wie der achtzehnjährige Aurelien, durfte er ohne die Erlaubnis eines weißen Arbeitgebers sein zugewiesenes Stammesgebiet nicht verlassen. Sexuelle Beziehungen mit Weißen waren verboten. Er konnte kein Restaurant, Kino, öffentliches Transportmittel oder Klo betreten, das für Weiße ausgewiesen war. Politische Mitsprache war ihm genauso verwehrt wie der Besitz von Land oder eines Geschäftsbetriebs.

Zwar war das Apartheid-Regime in Namibia heute

genauso Geschichte wie in Südafrika. Freie demokratische Wahlen hatten die kleine Minderheit der Weißen zur politischen Bedeutungslosigkeit verdammt. Doch für Alien machte das fast keinen Unterschied.

Er war immer noch bettelarm, ungelernt und unfrei, wenn auch nur ökonomisch. Weiße besaßen weiterhin das meiste und fruchtbarste Land, die beste Ausbildung und verfügten über Generationen angehäuftes Kapital. Zwar gilt Namibia in Afrika dank seiner Mineralvorkommen als wohlhabendes Land mit einer guten Infrastruktur, das verhältnismäßig sicher ist. Doch es ist auch eins mit der höchsten Einkommensungleichheit der Welt. Ein großer Teil der Bevölkerung lebt in Armut, Arbeitslosigkeit und kann sich die hohen Lebenshaltungskosten nicht leisten.

Alien, der elf Mäuler durchzufüttern hatte, bekam von Susan und Steve den üblichen mickrigen Hilfsarbeiterlohn, der gerade mal für Essen und das gelegentliche Busticket für die lange Fahrt nach Hause in eine halb legale Siedlung reichte.

Nach zwei Tagen stand der neue Hühnerstall.

Der strenge Steve kam zur Inspektion vorbei und knurrte kaum. Kein Anschiss war Lob genug.

Für diesen einen Moment waren Alien und ich wirklich Brüder, und Steve war unser Masta.

Doch am Ende des Arbeitstages lief Alien allein in seinen schmucklosen Bedienstetenbau, weit weg von den schicken Hütten der Lodge und noch weiter weg von seiner Familie.

Und wir Volunteers saßen zusammen mit den Lodge-Herren am Kamin im Lapa und aßen frisch gegrillte Antilopensteaks.

Man kann von weißen Rassisten in Namibia halten, was man will – aber grillen können sie.

Kein Wunder. Weite Teile des Landes bestehen aus Wüste und wenig fruchtbarem Boden, der allenfalls Gräser für Viehfutter hervorbringt. Obst und Gemüse wachsen hingegen schlecht. Schon die nomadischen Ureinwohner der San (die legendären »Buschmänner«) trieben seit zweitausend Jahren Rinder von Weide zu Weide. Später umzäunten weiße Siedler riesige Farmen für die Viehhaltung.

Das ging nicht spurlos an der lokalen Küche vorbei.

Hier auf der Lodge verging kein Tag ohne Fleischgericht. Heute Abend war im Lapa mal wieder »Braai«-Zeit; so hieß Grillen auf Afrikaans.

Am Kaminfeuer, satt und tief in einen Sessel versunken, wurde der harte Steve richtig gesellig. Es entwickelte sich so etwas wie eine politische Diskussion.

»Wir werden immer als Rassisten bezeichnet, aber das stimmt nicht«, sagte er. »Wir sind Klassisten. Wenn du nicht zu meiner Klasse gehörst, passt du eben nicht rein. Fertig.«

In Steves Logik passten Schwarze einfach nicht in seine soziale Klasse. Mit ein paar vereinzelten Ausnahmen. In der namibischen Polizei habe er dunkelhäutige Kollegen gehabt, die gute Freunde waren und denen er mit seinem Leben vertraut habe.

Als noch Krieg herrschte mit den dunkelhäutigen Rebellen, die heute in Namibia als Regierungspartei SWAPO an der Macht sind, sei er als Elitekämpfer für das weiße Regime im Homeland – so nannten sich von der Apartheid-Regierung eingerichtete Regionen für schwarze »Stämme« – Kaokoveld an der nördlichen Grenze zu Angola stationiert gewesen.

Dort lebten verarmte Stammesangehörige der Himba und Herero.

Als er bei einer Patrouille einer bettelnden Frau am Wegesrand Essen gegeben habe, bestand sie darauf, dass er ihren vierzehnjährigen Sohn mitnehme. Für immer.

»Sie dachte, wenn ich es mir leisten kann, ihr Essen zu schenken, dann kann ich mich auch besser um den Jungen kümmern als sie.«

Steve willigte ein.

Der Junge hieß wie der Held aus Disneys *König der Löwen*.

»Simba wurde zu meinem Schatten, wollte mich immer und überall beschützen.«

In der Kaserne habe er auf Tierfellen vor Steves Zimmer geschlafen und sich sogar als Wachposten vor die Toilette gestellt.

»Dabei hat er kein Wort mit mir gesprochen.«

Steve habe ihn ausgebildet, und irgendwann habe er in der Kaserne sogar ein Gehalt bekommen. Heute habe Simba zwei Ehefrauen, viele Kinder und Rinder und zähle zu den angesehensten Mitgliedern seiner Gemeinde.

»Sie haben dort einen heiligen Ort, und wenn dein Name da genannt wird, bist du berühmt. Mein Name wird dort genannt«, lächelte Steve.

Was für eine herzergreifende Geschichte. Steckte da etwa doch ein weicher, farbenblinder Kern im harten Steve?

Die Frage beantwortete sich einen Moment später, als er der Kanadierin ihren dunkelhäutigen namibischen Freund ausreden wollte.

»Typisch, junge Frauen aus dem Ausland kommen her und wollen einen schwarzen Freund. Aber wenn sie wüssten, wie diese Leute hausen! Oder dass es in deren Kultur okay ist, mehrere Frauen zu haben. Schwarze Männer haben oft mehrere Handy-SIM-Karten für verschiedene Freundinnen. Die sind Meister im Manipulieren. Ich weiß das, weil ich achtunddreißig Jahre mit ihnen gearbeitet habe. Aber die jungen Dinger wollen so was nie hören. Jeder muss eben seine eigenen Erfahrungen sammeln. Ich habe jedenfalls noch keine gemischte Ehe gesehen, die funktioniert hätte.«

Der dickere T-Boy nickte beipflichtend: »Unser Präsident in Südafrika hat sechs Ehefrauen.«

Anschließend berichtete Steve vom gefährlichen Leben als Weißer in Namibia. Ihre Nachbarn, deutsche Großwildjäger, waren demnach vor einigen Jahren überfallen worden. Mehrere maskierte Männer drangen in das luxuriöse Anwesen ein, überwältigten das Paar und stopften es gefesselt in eine kleine Kammer. Dann durchsuchten die Räuber das Haus nach Wertgegenständen.

Ex-Polizist Steve vermutete hinter dem Überfall einen ehemaligen Hilfsarbeiter des Paares.

Auch Steve selbst hatte schon gefährliche Situation erlebt.

Kurz nach Namibias Unabhängigkeit 1990 sei ein dunkelhäutiger Mann uneingeladen ins Haus gekommen und habe plötzlich im Wohnzimmer gestanden. Er behauptete, ein Politiker habe ihm Steves Haus versprochen, wenn er für ihn stimmte.

Die Weißen sollten ihre Sachen packen und verschwinden.

»Den hab ich halb totgeprügelt«, knurrte Steve.

Ein anderes Mal habe ein Schwarzer versucht, seinen damals kleinen Sohn zu entführen, der gerade vor dem Haus spielte.

»Einige Stämme benutzen die Körperteile von weißen Kindern für Rituale«, vermutete Steve als Motiv.

Nur das Einschreiten seines Hundes – ein Deutscher Schäferhund – habe die Entführung verhindert.

»Erst ist er bellend auf den Kerl los, dann ich. Ich weiß nicht, wer ihn schlimmer zugerichtet hat.«

Steves Schauergeschichten waren für mich nur schwer zu glauben, dagegen kam mir das Leben in Deutschland richtig behütet vor. Vielleicht stand er deshalb nachts oft im Garten und suchte das umliegende Gelände nach verdächtigen Lichtquellen ab.

Doch mir reichte es für heute mit Schwarz und Weiß.

Unter dem funkelnden namibischen Sternenhimmel spazierten Nena und ich zurück durch den Garten in die Chamäleonhütte.

Morgen würde es endlich so weit sein.

Die Kinder kamen, und das Ferienlager konnte beginnen.

»Schließt die Augen und seht mit euren anderen Sinnen«, sagte die Frau mit der Adlerfeder am Hut.

Mit den Augen konnte ich nun nicht mehr sehen, dass ich auf einem Felsen saß, umgeben von sechzehn Kindern, die mit aller Kraft versuchten, still zu sein.

Es war eine Woche im Ferienlager vergangen, und heute stand ein Highlight auf dem Programm: ein Naturspaziergang mit Namibias einziger Frau, die die Lizenz zum Jagen von Großwild hatte. Zufällig wohnte sie auf dem Land, das an Susans und Steves Lodge grenzte.

Wir alle saßen mitten in einem Meer aus hohem Gras, dessen Wellen sich golden in der Abendsonne wogen. Zwar sah ich nichts, fühlte dafür aber umso deutlicher den kalten Stein am Hintern und den frischen Wind um die Nase. Bald roch ich Erde und Bäume und lauschte dem sanften Grasrauschen. Zudem waren da drei unterschiedliche Vögel: Tschiep, Fieps und Zwitscher. Laut wie ein Helikopter flog ein Insekt direkt an meinem linken Ohr vorbei.

Und plötzlich, kaum hörbar, knackste ein Zweig, einige Meter vor mir im Gras.

»Macht die Augen auf«, flüsterte die Jägerin.

Ich tat es und hielt den Atem an. Denn von da, wo noch vor fünf Minuten nur Gras und ein knorriger Baum gewesen waren, starrte mich jetzt ein Oryx an. Eine große Antilope mit schwarz-weißem Gesicht und extrem langen Hörnern, die aussahen wie zwei aus dem Kopf wachsende Schwertklingen. Um sie herum standen drei Artgenossen und grasten unbekümmert vor sich hin.

Bis ich und die Kinder unseren Atem nicht mehr halten konnten.

Die leisen Geräusche waren genug, um die majestätischen Tiere aufzuschrecken. Mit lautem Hufgeklapper rannten sie davon und verschwanden im Grasmeer. Die Frau mit der Adlerfeder lächelte wissend. Sie hieß Karen und hatte in ihren gut vierzig Lebensjahren schon Dutzende Oryxe getötet.

Außerdem Zebras, Springböcke, Wasserbüffel, Nilpferde, Leoparden, Geparden, Giraffen, Warzenschweine, Elefanten und Löwen.

»Die Natur ist wie Musik«, sagte Karen zu den Kindern. Nur wer sie mit allen Sinnen höre, werde ein guter Jäger.

»Ich muss aufs Klo«, beschwerte sich der neunjährige Paul.

»Ich auch«, meinte die achtjährige Maja.

Und mit einem Mal umgab ein Lärm unseren Felsen, der jedes Tier im Umkreis von mehreren Kilometern verschrecken musste.

Kein Wunder. Denn ich war umgeben vom lautesten Geschöpf auf Erden überhaupt: Menschenkindern.

Drei wollten jetzt ihre Schnürsenkel binden.

Zwei Jungs begannen sich zu streiten.

Und Sophie, ganz in Pink gekleidet, summte einen Song von Rihanna, den sie wohl schöner fand als die Musik der Natur.

Die Großwildjägerin erschoss mich mit einem scharfen Blick. Immerhin war es als oberster Volunteer mein Job, die Rasselbande im Zaum zu halten.

Also rief ich mit strenger Stimme: »Ey!«, und riss meinen Arm senkrecht in die Luft. Das Zeichen für »Klappe halten und zuhören«.

Ein Kind nach dem anderen hob den Arm und sah mich an, bis es wieder ganz still war und nur noch der Wind im Gras zu hören war.

Die Lage war durchaus seltsam.

Dass alle Kinder hier im namibischen Ferienlager helle Haut hatten, daran hatte ich mich gewöhnt. Aber es verwirrte mich noch immer, dass die Hälfte von ihnen auch noch Deutsch sprach. Genau wie Großwildjägerin Karen, die mit ihrem deutschen Mann auf der benachbarten Farm lebte.

Wäre da nicht die *Ein-Traum-von-Afrika*-Landschaft samt Oryxantilopen gewesen, hätte ich mich in einem Ferienlager in Niedersachsen befinden können.

Doch eigentlich hätte es mich nicht überraschen dürfen.

Schließlich war Namibia als »Deutsch-Südwestafrika« mal als deutsche Kolonie gegründet worden.

1883, in einer Zeit, in der Adolf noch ein ganz norma-

ler Vorname war, erwarb ein abenteuerlustiger Tabak-
händler aus Bremen die heutige Lüderitzbucht an der
afrikanischen Westküste und etwas Hinterland. Wobei
»erwarb« vielleicht nicht das richtige Verb ist. Adolf Lüderitz gab einem Stammesführer der Nama dafür zweihundertfünfzig Gewehre und hundert Goldpfund.

Wenigstens zwei Dinge waren daran faul: Erstens war
zweifelhaft, ob das Land angesichts der Nomadenkultur
der hier lebenden Stämme den Nama überhaupt gehörte.
Und zweitens zog Lüderitz sie auch noch über den Tisch,
indem er behauptete, preußische Meilen (7,5 Kilometer),
statt englischer (1,6 Kilometer) gemeint zu haben. Plötzlich waren die Nama damit ein riesiges Gebiet von drei-
hundert mal hundertfünfzig Kilometern los. Der Deal
ging als »Meilenschwindel« in die Geschichte ein und war
ein Vorzeichen dafür, was die Afrikaner von den Europäern zu erwarten hatten.

Damit die Einheimischen Lüderitz nicht einfach zum
Teufel jagen konnten, schrieb dieser einen langen Brief
an Reichskanzler Bismarck im fernen Berlin und bat um
Schutz des Deutschen Reiches.

Zwar hatte der Kanzler eigentlich keine Lust auf ferne
Kolonien, schickte aber immerhin einen kaiserlichen Ge-
neralkonsul und eine Handvoll Soldaten, die »Schutztruppe«.

Die deutsche Schutztruppe erlangte bald traurige Berühmtheit mit dem ersten Völkermord des zwanzigsten
Jahrhunderts. Im Kampf gegen rebellierende Stämme
ließ Generalleutnant Lothar von Trotha 1904 eine was-

serlose Wüste abriegeln, in die die besiegten Herero ge-
flüchtet waren, samt Frauen und Kindern. Vier Fünftel
des Hererostammes wurden ausgelöscht, bis zu sechzigtausend Menschen starben.

Mit der Niederlage im Ersten Weltkrieg verlor das
Deutsche Reich seine afrikanischen Kolonien. Aus
»Deutsch-Südwestafrika« wurde 1915 »South West Africa«,
das der Völkerbund per Mandat dem britisch dominier-
ten Südafrika unterstellte. Die Lüderitzbucht heißt trotzdem heute noch so, genauso wie der Küstenort Lüderitz,
der mit seinen deutschen Jugendstilhäusern vor leuchtend roten Wüstendünen ein beliebtes Touristenziel ist.

Für die dunkelhäutigen Menschen im Land änderte
sich nach der Vertreibung der Deutschen erst mal nicht
viel, sie wurden weiter von Weißen unterdrückt. Erst
1990 wurde Namibia nach dem Bürgerkrieg als souverä-
ner Staat unabhängig. Heute leben noch etwa zweiund-
zwanzigtausend Deutschsprachige in Namibia, zum Beispiel unsere Nachbarin, die Großwildjägerin Karen.

Derweil wusste ich nicht, was schlimmer war: Rassisten
oder Jäger.

Schließlich bevorzugte ich als Tiersitter lebendige Viecher. Doch da war ich nun, in einem Ferienlager von Namibias weißer Oberschicht, unterwegs mit einer Großwildjägerin, die den Kindern gerade erzählte, wie erfüllend es
sei, andere Lebewesen zu töten. Sie war sogar davon überzeugt, dass die heutigen namibischen Wildtiere der Jagd
erst ihre Existenz verdankten. Noch nie seien die Popu-

lationen höher gewesen. Der Grund: Seit die Regierung Farmern erlaube, die Tiere auf ihrem Land zu jagen – reguliert mit Abschussquoten –, hätten diese ein finanzielles Interesse an deren Erhalt. Schließlich zahlten Jagdtouristen aus aller Welt viel Geld fürs Töten.

»Tiersinne sind sieben Mal schärfer als menschliche. Wenn ihr die überlisten wollt, müsst ihr eure trainieren«, erklärte Karen mit der Adlerfeder am Hut.

Durch hohes Gras pirschten wir mit den Kindern einen Hügel hinauf.

Besorgt schaute ich durch die gelblichen Halme, ob sich da nicht vielleicht ein Leopard versteckte. Schließlich rannten hier nicht nur friedliche Oryxantilopen herum.

Karen musste wohl meine besorgt suchenden Blicke bemerkt haben, als sie sagte: »Keine Sorge, wenn uns ein Leopard fressen wollte, hätte er es längst getan. Die Kinder sind so laut wie ein Erdbeben.«

Dann drehte sie sich zu der plappernden Kinderhorde und zischte: »Seid jetzt endlich mal ruhig! Ihr vertreibt ja alle Tiere.«

»Onkel Markus, wann gehen wir endlich zurück? Ich hab Hunger.« Ein Zwölfjähriger zog an meinem T-Shirt und quengelte mal wieder.

»Ja-ha, Marcel«, schnaubte ich zurück. »Wir gehen gleich.«

Auch die Jägerin sah ein, dass es keinen Sinn mehr hatte. Die Meute wurde immer unruhiger. Die Naturstunde war für heute beendet. Wie Schäferhunde ihre

Herde umzingelten die Volunteer-Aufpasser die quasselnde Kinderherde und trieben sie den sandigen Pfad hoch. Vorbei an dem hohen Gras, in dem sich so wunderbar Ge- und Leoparden verstecken konnten. Als der Pfad sich teilte, verabschiedete sich die Jägerin und ging nach Hause aufs Nachbaranwesen.

»Onkel Markus, mir ist kalt.« »Ja-ha, Marcel.«

Ich brüllte zwei Level lauter als das Kindergequassel: »Geht euch jetzt ausruhen, zieht euch was Warmes an, und dann gibts Abendessen im Lapa.«

Daraufhin verschwanden die Jungs in ihren Betonklotz auf der Südseite des Lagers, und die Mädchen zogen kichernd in ihre komfortableren Lodgezimmer auf der Nordseite.

Die strikte Geschlechtertrennung kannte ich noch von meinen Klassenfahrten als Schulkind. Damit sich niemand zum anderen Geschlecht schleichen konnte, passten die südafrikanischen T-Boys heute auf die Jungs auf, während Portugiesin Maria mit den Mädels mitging.

Nach einer Woche Ferienlager war ich durch.

Aber beim Abendessen unter ausgestopften Tieren ging es wieder los.

»Maaaann! Der hat mich gehauen«, blökte Marco und trat Marcel zur Vergeltung gegen das Schienbein.

Der heulte gleich los und hängte sich Schutz suchend an meinen Arm. Konnte es etwas Schöneres geben, als zwölfjährige Jungs zu beaufsichtigen?

»Okay, wer hat angefangen?«, fragte ich in aller mir möglichen Strenge.

»Der!«, schrien beide auf Deutsch und zeigten aufeinander, Marcel heulte noch etwas lauter.

Womit hatte ich das verdient?

Zum Glück kam jetzt Ferienlagerchefin Susan herein, im Schlepptau die südafrikanischen T-Boys mit dampfenden Essensschalen aus Metall in den Händen.

Susan strahlte als erfahrene Lehrerin eine Autorität aus, die ich nur beneiden konnte.

»So, jetzt ist Schluss«, schnitt ihre klare Stimme auf Englisch durchs Gezanke.

Mit einem Mal war es still im Saal, fast hörte man Marcels Tränen auf dem Boden aufschlagen. Alle Blicke waren nun auf Susan gerichtet und die beiden Streithähne, von denen der eine immer noch an meinem Arm festkrallte.

»Also, wer hat angefangen?«, fragte auch sie.

Diesmal winselte nur Marco: »Marcel wars, er hat mich gehauen«.

Einige andere Kinder am Esstisch nickten. Petzen.

Marcels Tränen rollten nun in einem Wasserfall über das Sommersprossengesicht.

»Stimmt das, Marcel?«, fragte Susan scharf.

Sein Schweigen war Geständnis genug.

»Marcel, dann hast du es nicht anderes verdient«, konstatierte die Chefin.

Was nun folgte, konnte ich schon runterbeten. Susan

wiederholte das Lagermantra täglich wenigstens drei Mal: »What goes around, comes around.«

Was übersetzt so viel heißt wie: Man erntet, was man sät.

Es fiel mir schwer, bei diesem Spruch nicht an die Situation zwischen Schwarzen und Weißen im Land zu denken.

Beim Stamm der Herero, die vor der Ankunft der Weißen auf diesem Land lebten, hieß ein ähnliches Sprichwort: »Tja rondo omuho maatji rondo omupindi.« Übersetzung: »Wenn es auf den Unterschenkel geklettert ist, erreicht es mit Sicherheit auch den Oberschenkel.«

Mit einer Mischung aus Scham und Bockigkeit starrten die Jungs auf den Boden.

»So, und jetzt reicht euch die Hände«, verlangte Susan und verkündete anschließend: »Jetzt gibts Hotdogs! Wer hat Hunger?«

Begeistertes Kindergeschrei erfüllte den Saal, und die ausgestopften Tiere waren sicher froh, dass sie nichts mehr hören konnten.

Auch ich nahm mir einen Hotdog und setzte mich in die kinderfreie Zone auf eines der großen Sofas am Kamin, unter dem ausgestopften Honigdachs.

Dort saß bereits Steve.

Eine E-Pfeife hing unter seinem Schnauzer, die blauen Augen waren zusammengekniffen. Mit Unmut hatte er den Streit zwischen den Jungs beobachtet. Einmal hatte ich erlebt, dass ihm der Kinderlärm zu bunt wurde und er brüllte: »Ey! Wenn ihr euch nicht benehmt, dann kümmere ich mich um euch. Ihr werdet schon sehen.«

Sofort war Ruhe.

Grundsätzlich hatte er sich aber auf Geheiß seiner Frau von den Kindern fernzuhalten, um sie nicht zu erschrecken. Wenn Susan die herzliche Lagermama war, dann repräsentierte er den eisernen Vater, vor dem sich alle fürchteten.

Der harte Steve hatte aber auch eine weiche Seite: Susan.

Ständig tauschten die beiden Zärtlichkeiten aus, gestritten wurde nie, und über alles Wesentliche waren sie einer Meinung. Auch jetzt saßen die beiden schon wieder am Kamin unterm Honigdachs und hielten Händchen. Es gab für mich keinen Zweifel: Die beiden waren füreinander die erste, große und letzte Liebe.

Sie hatten sich im Krieg kennengelernt.

Weiße Machthaber gegen schwarze Unabhängigkeitskämpfer.

Es war das Jahr 1979, als Namibia faktisch eine Provinz Südafrikas war. Der rassistische Staat bevorzugte Weiße als überlegene Rasse. So war die Welt, wie sie Susan und Steve in ihren späten Teenagerjahren kannten.

Die »rassische Überlegenheit« bezahlten die Weißen allerdings mit ständiger Unsicherheit. Schließlich waren sie im Land hoffnungslos in der Unterzahl.

Gewaltsame Proteste gegen das herrschende System begannen Ende der Fünfzigerjahre, als die Regierung

Menschen mit dunkler Haut aus ihren Wohnungen in einem zentralen Viertel in Windhuk deportieren wollte. Bald gründete sich die Organisation, die einen blutigen Krieg gegen die weißen Machthaber führen sollte und heute selbst an der Macht ist: SWAPO.

»Trotzdem war es keine schlechte Zeit«, sagte Susan plötzlich, die am Kamin Steves Hand streichelte.

Die beiden trafen sich zum ersten Mal in einer Bar in Windhuk.

»Sie war eigentlich die Freundin meines Cousins«, erinnerte sich Steve mit lachendem Schnurrbart.

»Ich werde sie dir bis zum Ende des Jahres abgejagt haben«, versprach er dem Vetter und behielt recht.

Für Susan, die in Windhuk fürs Lehramt studierte, war der Krieg eher ein unterschwelliges Gefühl der ständigen Bedrohung als offene Gewalt. Selten explodierte in der Ferne mal eine Bombe in Windhuk. Man las nur hin und wieder in der Zeitung etwas über mörderische Terroristen. Die eigentlichen Kämpfe fanden weit weg statt, im Norden Namibias und in Angola.

Das Nachbarland war einige Jahre zuvor von der portugiesischen Kolonialmacht aufgegeben worden. Nun unterstützten dort die Sowjets und Kuba den Befreiungskampf der schwarzen Bevölkerung Angolas und Namibias im Namen des Marxismus.

Für Steve war der Krieg hingegen sehr real.

Er war nach der Schule der Elitetruppe der Polizei beigetreten und wurde an die vorderste Front gegen

»die Terroristen« geschickt, wie es im offiziellen Jargon hieß.

Von seinen Erlebnissen berichtete er nur, wenn die Ferienlager-Kinder außer Hörweite waren. »Einmal ist unsere Einheit auf eine Farm gerufen worden. Die Terroristen hatten einen vierjährigen Jungen an den Füßen gepackt und gegen die Wand totgeschlagen. Mutter und Vater haben sie auch getötet«, sagte er und fügte erschüttert hinzu: »Das sind die SWAPO-Leute, die jetzt an der Macht sind.«

Für Steve waren das keine Freiheitskämpfer, sondern brutale Killer. Sie hätten Farmen mit weißen Zivilisten überfallen, um Vorräte zu stehlen und weil es gute Propaganda war: Das schwarze Afrika rächte sich an den weißen Eroberern.

Susan nickte.

Nach der Unabhängigkeit Namibias und der Entmachtung des rassistischen Regimes arrangierten sich Susan und Steve mit den neuen Verhältnissen. Ihre Fähigkeiten als Lehrerin und seine als Elitepolizist wurden weiter benötigt.

Doch seitdem waren sie in der Defensive. Politisch, moralisch – und vor allem konnten sie nie sicher sein, ob sie der Staat nicht doch noch enteignen würde. Denn bis heute ist die Landfrage das größte ungelöste Problem des Landes.

Die Kinder hatten inzwischen ihre Hotdogs verputzt und drückten wie besessen auf ihren Smartphones herum. Nach dem Abendessen war die einzig gestatte Handyzeit.

»So, Schluss jetzt«, rief ich, als die anderen Volunteers schon fast auf den Sofas unterm Honigdachs einschliefen.

»Ab ins Bett!«

Doch die Ruhe dauerte nicht lange, denn kaum lugten die ersten Sonnenstrahlen durchs Fenster unserer Chamäleonhütte, hieß es wieder: aufstehen.

»Was steht heute an?«, fragte Nena müde.

Wie jeden Morgen schaute ich verschlafen in den fingerdicken A4-Hefter.

Wir Volunteers hatten für jeden Tag des Ferienlagers pflichtbewusst ein Programm entworfen.

Heute fand die große Probe für das Musical statt.

Nach dem Willen von Susan und Steve, die Wettkampf liebten, hatten wir die Kindermeute in zwei konkurrierende Gruppen unterteilt. Das eine Kinderteam trug grüne Stirnbänder, das andere violette. Jede Partei hatte unter sich zu bleiben. Sogar fiktive Heimatplaneten und zwei bunte Flaggen hatten sich die Kids ausgedacht.

Die Fahne der »Forcekeeper« bestand aus Regenbogenfarben. Sie sollte die verschiedenen Ethnien der Gesamtbevölkerung präsentierten. Anders als im echten Namibia lebten alle friedlich in Harmonie und Toleranz zusammen.

Die »Guardians« wurden hingegen von einer angriffslustigen Libelle repräsentiert, die blau auf einem schwarzen Stofffetzen aufgemalt war.

Beide Flaggen baumelten an armdicken Ästen, die einer der Knirpse ständig mit sich herumtrug. Und an diesem Nachmittag fand die große Probe für den alles entscheidenden Wettbewerb statt: der Auftritt beim abschließenden Grillabend mit den Eltern.

Doch nach dem Frühstück stand erst mal Zimmerinspektion auf dem Programm.

Dass die Jungs ihre Doppelstockbett-Baracke ordentlich halten würden, war reines Wunschdenken. Bettdecken und Schlafsäcke lagen verkrumpelt auf den Matratzen wie moderne Kunstwerke. Die Rucksäcke hatten ihre Inhalte auf den Boden erbrochen. Hosen, Shirts, Jacken und Schuhe in allen Farben.

Doch solange der schmucklose Halbrohbau nicht in Flammen oder unter Wasser stand, war ich zufrieden.

»Okay, Jungs, wir treffen uns in zehn Minuten am Grillplatz. Wir üben euren großen Auftritt für den Elternabend.«

»Och nö«, beschwerte sich Thorsten.

»Können wir nicht wieder schießen?«

Am Tag davor hatte Steve ein Luftgewehr rausgeholt und im Garten einen Schießwettbewerb auf bunte Luftballons veranstaltet.

Auch die anderen Jungs guckten wenig begeistert.

Doch alles Jammern half nichts.

Zum Abschluss des Camps würden die Eltern morgen Abend für ein großes Grillfest vorbeikommen. Und bis dahin hatten die Kids noch ihr Musicalstück einzuüben, damit die stolzen Mamas und Papas was zum Fotografieren hatten.

Es folgte im Garten das Ritual von Kinderaufpassern in aller Welt: durchzählen. Damit auch niemand in der namibischen Wildnis verloren ging. Zwar hätte ich auch nicht viel ausrichten können, wenn eins vom Leoparden gefressen worden wäre, aber trotzdem: »Sechzehn. Passt.«

Plötzlich stieß die kleine Tara einen markerschütternden Schrei aus, der im Hochfrequenzton das gesamte Lager betäubte: »SCHLANGE!«

Mit einem Mal sprangen Kinder und Volunteers kreisförmig auseinander. Beim morgigen Elternabend wäre das ein beeindruckend synchronisiertes Musical-Manöver gewesen.

Am weitesten sprang ich.

Panisch suchten meine Augen den Boden ab.

»Giftig?«, fragte ich niemanden im Bestimmten.

»Sie war lang und schwarz-weiß gestreift«, meinte die kleine Tara, die sich hinter einem der T-Boys versteckte.

»Klingt nach Zebrakobra«, meinte der dickere T-Boy trocken. »Hochgiftig im Sinne von tödlich. Die speit bis zu drei Meter weit.«

Die Südafrikaner kannten sich mit Schlangen aus, schließlich lag ihr Heimatland gleich nebenan.

Ich schrie innerlich noch lauter als Tara, versuchte aber, nach außen Ruhe zu bewahren. Schließlich war ich hier Chef-Volunteer.

Von der Schlange war nichts zu sehen. Allerdings lagen vor uns auf dem Boden einige dicke Steine und Büsche, unter denen sie sich versteckt haben konnte.

»Okay, alle Kinder ins Lapa«, befahl ich.

Zum ersten Mal hörte die Bande aufs Wort und marschierte los, Schlangen schienen ein äußerst effizientes Erziehungsmittel zu sein.

Nun kam, die Pistole in der Hand, Steve aus seinem Haus gestürmt.

»Wer hat Schlange gerufen?«, zischte er, als wäre er die Kobra.

»Offenbar eine Zebrakobra. Sie muss hier unter den Steinen sein«, sagte ich schlau und duckte mich vor der Waffe weg.

Steve zielte nun direkt vor mir auf den Boden.

»Auf drei stoßt ihr die Steine um«, kommandierte er die Südafrikaner. »Du auch. Nimm dir einen Ast«, befahl er mir.

Der frühere Elitepolizist schien ganz in seinem Element. Ich fühlte mich wie bei einem Antiterroreinsatz. Der Feind versteckte sich unter einem der drei Steine. Steve wollte die Schlange offenbar abknallen.

Vorsichtig positionierten die T-Boys und ich unsere Äste. Steve hielt die waffenfreie Hand hoch und hob einen Finger nach dem anderen: Eins. Zwei. Drei.

Zeitgleich schoben wir die dicken Steine von ihren Plätzen. Ich machte mich auf den Knall der Pistole gefasst.

Es passierte: nichts.

Keine Schlange zu sehen. Wir suchten auch die umliegenden Büsche ab. Schauten zwischen den hohen Kakteen. Doch es blieb dabei, die Schlange war weg.

Am Ende kam Steve zu dem Schluss: »Die ist bestimmt schon über alle Berge. Die hat mehr Angst vor euch als ihr vor der. Weitermachen.«

Dann verschwand er wieder in seinem Haus.

Schluck. Der Gedanke, dass hier eine giftige Kobra herumschlängelte, war nicht sehr gemütlich. Aber Befehl war Befehl.

»Und jetzt alle wieder zum Grillplatz«, rief ich, woraufhin die Kinder lachend losrannten. Offenbar hatten sie die Schlange bereits vergessen. In Namibia gehörten die eben zum Alltag.

Als Oberschiedsrichter waltete ich nun meines Amtes und erklärte die große Musicalprobe für eröffnet. Meine Arbeit hier war getan. Nena und die T-Boys betreuten die Forcekeeper mit ihren violetten Stirnbändern. Der Franzose und die Portugiesin versuchten, die grün bestirnten Guardians zu musikalischen Tanzeinlagen zu treiben. Und ich lehnte mich entspannt an den hölzernen Palisadenring, der den Grillplatz wie ein Kreis eingrenzte.

Belustigt beobachtete ich, wie die blaugrün schimmernden Pfauen laut trötend vor einer auf ihr Futter bestehenden Babykatze flüchteten.

Am großen Abend hatten weder ich noch die Eltern eine Ahnung, um was es in dem Musical genau ging. Aber es beinhaltete wildes Gehüpfe, ein Laserschwertduell und ohrenbetäubendes Geschrei.

Am Ende schlossen beide Kinderparteien ewigen Frieden und schworen, in Harmonie zusammenzuleben, egal welche Herkunft, Religion oder Hautfarbe.

Ein schöner Traum, der in Namibia noch weit weg schien.

Epilog

Die Kreatur hat winzige, schrumplige Hände, mehr grau als rosa. Das rundliche Mini-Gesicht beklebt mit Haaren und verschmiert mit Blut und anderen Körperflüssigkeiten. Sie versucht, um sich zu schauen, kneift am Ende aber nur verwirrt die Augen zusammen, als ob sie das alles noch gar nicht glauben kann.

Willkommen im Klub, Kleiner.

Nena und ich sind zurück auf La Gomera.

Ich sitze im Krankenhaus von San Sebastian allein mit der Kreatur im Flur zwischen Operationssälen. Der Boden grauer Gummi, die Wände kalt, das Neonlicht hart. Es ist beinahe Mitternacht, draußen pfeift der Atlantikwind durch die Berge. Seit zehn Stunden bin ich hier, voller Sorge um Nena. Genau wie ihre Großfamilie draußen im Wartezimmer.

Ihr Vater steht kurz vor dem Nervenzusammenbruch.

»Warum leben wir auch auf dieser Insel am Arsch der Welt! Hier können sich die Ärzte alles erlauben«, tobt er.

Es hat Komplikationen gegeben.

Stundenlang waren Nenas Schmerzensschreie durch die Krankenhausflure gehallt.

Bis endlich der Arzt sagte:»Sofort operieren.«

Dann war alles still, Nena schrie nicht mehr, was mich irgendwie noch mehr beunruhigte. Plötzlich aus dem OP-Saal doch wieder ein Schrei. Aber nicht Nenas.

Kurz darauf kam eine Krankenschwester mit weißer Atemschutzmaske langsam auf mich zu, in ihren Händen trug sie ein in ein Tuch gehülltes Etwas.

Sie reichte mir das Bündel.

Und nun schaue ich der kleinen, hilflosen Kreatur zum ersten Mal in die Augen. Trotz aller Verwirrung scheint sie zu lächeln. Genau wie ich.

Unsere tierische Reise um die Welt ist vorbei.

Nena und ich mussten nicht lange überlegen, wie es weitergehen würde.

Denn wo könnte es schöner sein als auf den Inseln, wo nach dem Glauben der alten Römer die Glückseligen leben, die keine Sorgen kennen? Auf La Gomera in Alojera. Ohne Winter, unter Palmen, wo der Pfeffer wächst – und Bananen, Mangos, Papayas, Feigen, Nektarinen, Avocados ... Wir haben – unter Nenas Aufsicht – inzwischen unseren eigenen Garten am selbst gebauten Haus mit Blick auf den blauen Atlantik.

Der Sachse Martin, in dessen Zuhause meine Reise begonnen hatte, lebt nicht mehr hier und ist hoffentlich trotzdem glückselig in der Heimat. Seine Finca hat er verkauft (Angsthund Mini hat ein neues Frauchen im schicken Touri-Ort Valle Gran Rey) – wieder an einen Deutschen, der darin nun eine Künstlerresidenz eingerichtet hat und Dichter, Maler und Schriftsteller aus New York, Wien oder Amsterdam ins kleine Alojera holt. Sehr zur Freude der Dorfbewohner, denen angesichts ständig wechselnder Fremder nun wieder Klatsch-Stoff geboten wird.

Und natürlich leben bei uns Tiere.

Die unvermeidlichen Geckos hängen an den Wänden und werden täglich von Nenas tapferer Fuchshündin Siria angekläfft. Zudem sind zwei Jungkatzen bei uns eingezogen: Akira, schwarz, halb verhungert von der Straße gerettet und Livia, grau-weiß, verwöhnt aus gutem Hause.

Meine Erzfeinde sind drei Hähne, die manchmal schon nachts um drei krähen und die frei übers Grundstück rennen, weil niemand sie mehr einfangen kann. Sie tun sich regelmäßig mit den fünf Enten zusammen, stürmen unsere Terrasse und erbeuten Katzenfutter.

Ich würde ja gerne noch mehr berichten. Doch das Baby schreit, hat sicher Hunger oder die Windeln voll, und ich hab Dienst. Menschenkinder sind eben WIRKLICH die größte Herausforderung für jeden Tiersitter.

Hinweis

Die Geschehnisse in diesem Buch trugen sich zwischen 2016 und 2017 in Afrika, Amerika, Asien, Australien und Europa zu. Die Namen von Menschen wurden aus Gründen der Privatsphäre in den meisten Fällen geändert, die Namen der Tiere nicht.

Danksagung

Dieses Buch hätte nicht ohne die Mithilfe von Tieren und Menschen entstehen können, bei denen ich mich herzlich bedanken möchte. Von meinen tierischen Begleitern seien ohne Anspruch auf Vollständigkeit Siria, Pumba, Chester, Mini, Miez, Wasabi, Laura, Chi Chi, Lola, die Ziege, Freddy, Wesna, Alcu, die Kängurus und der Koala genannt (ausdrücklich nicht die Kuh, die mir auf den großen Zeh getreten ist). Bei den Menschen danke ich meinen zahlreichen Gastgebern rund um den Globus sowie »Nena« und meinem Reisebegleiter zu den kirgisischen Schneeleoparden, Paul Löwenstein. Außerdem Natalie Tenberg und Barbara Wenner für die agentische Betreuung und dem Team des Penguin Verlags, insbesondere Anna Mezger und Jürgen Teipel, für die Geduld und guten Ratschläge bei der Fertigstellung des Manuskripts. Last but not least danke ich meiner Familie, meiner alten und neuen.

Praktische Tipps

Für all diejenigen, die auch Tiersitter werden möchten, sind hier einige praktische Tipps:

1. Ich habe gute Erfahrungen mit den Webseiten mindmyhouse.com (Fokus auf Housesitting) sowie workaway.info (Fokus auf Volunteerarbeit) gemacht. Beide Dienste sind zahlungspflichtig mit jährlichen Kosten von 17 bis 35 Euro im Basisangebot.

2. Auf allen Webangeboten müssen angehende Tiersitter eine Profilseite mit Foto und ein paar Worten über sich selbst erstellen. Hier sollte das Foto möglichst sympathisch und mit klar erkennbarem Gesicht ausfallen, und eure Kurzbio sollte dem potenziellen Gastgeber kurz und deutlich vermitteln, wer ihr seid, was ihr möchtet und was ihr mitbringt. Ziel ist, Vertrauen zu wecken (eure Fähigkeit, zehn Bier in fünf Minuten zu trinken, oder der erste Platz beim Rauchringepusten sollten hier nicht aufgeführt werden).

3. Informiert euch vor der Reise über empfohlene und notwendige Impfungen, vor allem wenn ihr nach Asien oder Afrika reist. Beim täglichen Kontakt mit Tieren ist das Ansteckungsrisiko höher.

4. Angehende Tiersitter sollten sich vorher überlegen, ob sie Housesitting oder Volunteering bevorzugen.

5. Housesitting hat den Vorteil, dass ihr entspannt im Haus der Gastgeber (gerne luxuriös an einem exotischem Ort) wohnen könnt, während diese im Urlaub oder woanders weilen. Euer wichtigster Job ist das Wohl der Haustiere sowie das Sauberhalten und Nicht-Beschädigen eurer Unterkunft. Housesitter-Pärchen haben es im Bewerbungsprozess bei den Gastgebern erfahrungsgemäß deutlich leichter als Singles. Im Idealfall sind die Gastgeber bei eurer Ankunft noch da und können euch alles zu euren Aufgaben erklären. Empfehlenswert ist es auch, wenn Sitter und Gastgeber im Vorfeld einen schriftlichen Vertrag unterzeichnen, in dem eure Aufgaben klar festgeschrieben sind. Auch Notfallkontakte und die Kostenübernahme für den Tierarzt gehören hier rein. Apropos Kosten: In der Regel müssen Housesitter nur für ihre eigene An- und Abreise und Verpflegung aufkommen.

6. Beim Volunteering liegt der Schwerpunkt beim Mitarbeiten und Anpacken. Ihr bietet eure Arbeitskraft im Austausch für Kost, Logis und Erfahrungen an. Eure Gastgeber sind quasi eure Chefs, und ihr lebt mit ihnen und möglicherweise noch anderen Volunteers zusammen. Zwar ist das weniger entspannend als Housesitting, dafür taucht ihr in völlig neue Lebenswelten mit Tieren ein. Ihr könnt Reiten auf einer Ranch lernen, Straßenhunde retten oder Rentiere am Polarkreis hüten. Aber auch hier solltet ihr vorher mit den Gastgebern genau über eure und deren Pflichten sprechen. Normal sind nicht mehr als vier Stunden Arbeit am

Tag, freie Tage sowie kostenfreie Kost und Logis. Lasst euch nicht ausbeuten!

7. Passt unterwegs auf euch auf. Ich bin auf meiner Tiersitter-Weltreise zum Glück von Taschendieben und Räubern verschont geblieben. Aber gerade das Sri-Lanka-Kapitel zeigt, dass man immer vorsichtig sein muss. Haltet regelmäßigen Kontakt mit Freunden und Familie, und lasst sie wissen, wo ihr seid und wo ihr hinwollt. Ich bin gerne auch mit menschlichen Reisebegleitern unterwegs, das ist sicherer und lustiger.